海洋经济发展视阈下海洋“双碳”目标创新实现路径

——以浙江省为例

赖　瑛　陈培雄　著

海洋出版社

2025年·北京

图书在版编目（CIP）数据

海洋经济发展视阈下海洋“双碳”目标创新实现路径：以浙江省为例／赖瑛，陈培雄著. -- 北京：海洋出版社，2025. 6. -- ISBN 978-7-5210-1584-3

Ⅰ. P74

中国国家版本馆 CIP 数据核字第 2025AK9152 号

责任编辑：刘　玥
责任印制：安　淼
海洋出版社　**出版发行**

http://www.oceanpress.com.cn
北京市海淀区大慧寺路 8 号　邮编：100081
涿州市般润文化传播有限公司印刷　新华书店经销
2025 年 6 月第 1 版　2025 年 6 月第 1 次印刷
开本：787mm×1092mm　1/16　印张：11.5
字数：239 千字　定价：128.00 元
发行部：010-62100090　总编室：010-62100034

前言

FOREWORD

在海洋绿色发展、低碳经济转型及海洋高质量发展的背景下，亟需探索海洋经济低碳发展的创新路径。目前，我国关于海洋经济低碳发展的研究多集中于宏观层面的理论分析，如碳汇交易、碳汇资源和生态环境补偿机制，而对产业结构优化、低碳资源与技术等的实证研究相对不足，定量分析也显缺乏，难以提供数据支持。

本书以我国海洋强国目标和浙江省作为生态文明建设先行省的背景为基础，围绕“双碳”目标下海洋经济高质量发展的创新路径展开研究。通过分析浙江省的海洋经济绿色发展现状、蓝色碳汇资源、低碳发展评估、碳排放关联分析，探讨海洋经济发展与“双碳”目标实现的关系，旨在助力中国碳达峰碳中和目标及经济的高质量绿色发展。

本书共分为 8 章。第 1 章，绪论，主要阐述研究背景与意义，介绍相关概念和理论、国内外研究进展，描述蓝色碳汇与海洋经济绿色发展的内核与潜在关联，进而阐述“双碳”目标背景下国家战略目标与浙江省“双碳”目标创新实践。

第 2 章，海洋经济绿色发展，从全球气候影响与生态环境效应两个方面描述海洋经济发展所带来的影响，着重强调了走海洋经济绿色低碳发展之路的重要性，并提供国际与国内沿海相关经典案例示例与分析。

第 3 章，浙江省海洋经济发展概况，介绍了海洋经济发展历程、浙江省海洋经济发展现状、浙江省海洋产业发展现状，并从浙江省海洋经济战略地位、发展目标、低碳发展模式构建思路和海洋产业链发展模式结构等角度分析浙江省海洋经济发展模式。

第 4 章，浙江省海洋经济低碳发展资源与技术条件，从森林碳汇资源、滨海湿地碳汇资源和渔业碳汇资源三个层面描述浙江省蓝色碳汇资源现状，从海洋能资源、工业减碳技术、绿色电网技术、氢能源技术以及碳捕集、利用与存储（Carbon Capture，Utilization and

Storage，CCUS）技术等角度描述浙江省低碳技术发展现状，并总结了浙江省海洋经济低碳发展目前存在的不足。

第 5 章，浙江省海洋经济低碳发展分析评价，构建海洋经济低碳化发展水平综合评价指标体系，提出相关海洋经济低碳化发展水平综合评价方法，利用从《中国海洋统计年鉴》《中国海洋生态环境公报》《能源统计年鉴》等资料获取的 2016—2020 年相关数据，综合评估海洋经济低碳化发展水平。

第 6 章，浙江省海洋经济与碳排放关联分析，从海洋经济产业发展的角度探讨其与碳排放的关联性。分析中国沿海地区海洋产业转型升级与空间关联，揭示各产业间的复杂联系，为产业结构优化奠定理论基础；深入研究浙江省海洋产业布局的动力与约束机制；通过关联分析中国沿海地区的海洋经济与碳排放，挖掘二者之间的内在联系。

第 7 章，浙江省海洋可再生能源产业发展对策建议，基于对海洋经济理论与数据分析的研究，从国内国际双循环的视角出发，结合浙江海洋强省建设，全流程构建了海洋可再生能源产业发展规划、空间要素保障和政策配套路径。

第 8 章，总结与展望，总结梳理全文内容，并从模型分析、核算体系拓展和关联因素挖掘三个方面阐述未来研究方向，致力于深入认识我国和浙江省海洋碳汇发展状况、把握海洋经济发展规律和特点、解决海洋“双碳”目标实现中的突出问题，为提升浙江省海洋经济核心竞争力，打造绿色低碳高质量发展的现代化海洋省份奠定基础，引领全国各省海洋经济建设新标杆。

本书是在大家的通力协作下完成的，在编写过程中，从调研获取基础数据资料，到确定框架结构，再到每个章节的具体撰写，都经过了大量的交流讨论，倾注了大家的心血。其中，赖瑛、周志光参与撰写了第 2 章、第 4 章、第 5 章、第 6 章；赖瑛、王志文参与撰写了第 1 章、第 2 章、第 6 章、第 7 章；陈圆圆、张翔参与撰写了第 2 章、第 5 章、第 6 章；汪国钦、杜艺璇参与撰写了第 3 章、第 5 章、第 8 章；卢晓燕、张媛、朱静波参与撰写了第 1 章、第 7 章、第 8 章；刘玉华参与撰写了第 4 章、第 6 章；刘小奇、钟庆华参与撰写了第 1 章，第 3 章；全书的统稿工作由赖瑛和陈培雄完成。在本书的编写过程中，我们参考引用了大量的相关文献，在此向各位作者表示衷心的感谢。所引用的文献尽量给予了注明，但恐有疏漏，不周之处敬请谅解。

鉴于我们的学识、能力与水平有限，加之海洋经济发展视阈下海洋“双碳”目标实现路径研究是一项创新性工作，在构建评价方法和指标体系的过程中，我们尽管做了一些有益的实践探索和尝试，但在评价的深度和广度上仍显不足，我们诚挚地期望以此为作为引玉之砖，期待同行、专家给予批评指正，以便我们不断精进和提升。

目 录

CONTENTS

1 绪 论

作为经济转型时期的重要载体，海洋经济已成为全球沿海国家不可或缺的经济基石，推动着全球的可持续发展。随着现代海洋科技的持续突破和陆地资源环境的压力不断增加，海洋在资源空间、生态环境等方面逐渐发挥出其重要优势，在国家生态文明建设中的作用也越来越显著。发展海洋低碳经济，提升海洋碳汇能力，建立可持续的生态系统，推动中国实现新时代新旧动能的转换，不断增强海洋碳循环能力，促进可持续发展，既有助于中国实现碳达峰碳中和目标，也是经济高质量发展、绿色发展的必然选择。

1.1 研究背景和意义

1.1.1 研究背景

21 世纪是海洋的世纪。随着全球经济的大发展，土地生态危机持续加剧，人类赖以生存的陆地资源被过度开发，陆地资源的可持续利用性受到限制，由此引发的经济问题也变得更加突出。海洋蕴含着重要的海水、矿产和生物资源，是人类生存和发展的重要空间，同时也是全球物质、能量和水循环的重要组成部分，对维持全球生态平衡至关重要。在陆域资源紧缺以及全球气候变化的大背景下，海陆经济发展都面临着巨大的挑战，需要更加积极地探索可持续的海洋资源利用方式，以保护海洋生态系统的稳定与可持续发展。探索大海、追求蓝天已经成为突破全球发展障碍、激发经济活力、解决人类发展供需问题的新途径。全球各沿海国家越来越重视海洋经济，并逐渐形成以海洋经济为主导的经济发展趋势。

随着全球化的加快，各个海洋强国都在积极推进自身的海洋发展，采取多项宏观措施，加强海洋资源的可持续利用，实施有效的环境保障治理，不断开拓海洋产业发展新空间，积极推进海洋经济的可持续性发展，努力实现在全球竞争中获得更多优势。例如，美国和日本拥有丰富的海洋资源，一直高度重视海洋经济发展与资源开发，海洋经济发展比较出色。作为全球最早设立海洋规划和发展水平最高的国家，美国的海洋策略包括一系列的海洋政策、海洋法律以及区域管理计划等方面[1]。早在20世纪70年代，美国就已经意识到海域的重要性，开始加大对海上油气开发、海底采矿等各类新兴海洋产业活动的经济与技术投资，推动美国逐渐发展成为海洋经济强国[2]。为了落实相关海洋战略，2000年，美国国家大气和海洋管理局（NOAA）启动了国家海洋经济项目NOEP（National Ocean Economics Program），以推进美国联邦政府的海域战略，并进行全面的美国远洋与海岸带的经济研究[3]；2008年，NOAA又进一步推出“经济：国家海洋监测”（Economics：National Ocean Watch，ENOW）数据系统，该系统构建了官方的国家海洋经济统计体系，并定期发布NOEP研发的数据产品和评估产品。2019年7月，NOAA发布的《2020—2026年研究与发展计划》中提出主题为“海洋和沿海资源的可持续利用和管理”的愿景，进一步提升新兴科学技术在海洋领域的应用能力。2021年，美国海洋经济达到了4 320亿美元，占其国内生产总值的近2%。此外，海洋经济还提供了230万个工作岗位。该行业就业人数增长了10.5%，新增了22.1万个全职和兼职员工，远远超过了美国整体经济的就业增长率，后者仅增长了2.9%。同样的情况也发生在拥有众多岛屿的国家日本，其国内土地资源稀缺，而海洋则决定了该国的经济发展和社会状况。因此，海洋经济被视为日本国民经济增长的基础。为了促进这一领域的持续进步，日本政府[4]自2006年起开始实施《海洋政策大纲：寻找新的大洋强国之路》，并于次年发布了《海洋基本法》；2008年，他们公布了一份名为《海洋基本规划草案》的文件；2013年，一份题为《海洋基本计划（2013—2017）》的新方案问世；最近几年，他们还推出了《21世纪开发现代海洋空间计划》，这有助于稳定推进全国范围内的海洋产业发展。同时，日本也在积极关注诸如政府管理控制、产业集群形成、海上人才培训、国际协作及对话等方面的发展趋势，从而构建一个包括海洋捕捞业、海洋船舶制造业、沿海旅游业以及新型海洋科技产业为主导力量的现代化海洋经济体系[5]。除美国和日本外，全球其他拥有海域的国家，如欧洲的欧盟成员国、澳大利亚和新西兰，同样在积极利用海洋资源开展生产活动，大力发展海洋经济。

我国是一个拥有广阔海域和32 000多千米海岸线的国家，拥有独特的海洋自然环境和丰富的海洋资源。随着时间的推移，我国政府对海洋经济的重视程度逐渐提高，并将其作为国家经济发展的重要战略组成部分。虽然我国的海洋经济实践历史悠久，但直到20世纪70年代后期，海洋经济的概念才被确立为独立的范畴。随着国家海洋战略政策的推进，自20世纪90年代开始，我国海洋经济进入了高速发展阶段。自21世纪以来，海洋强国建设的大力实施使得海上经济发展成为国内生产总值增长的主要驱动力之一[6]。而党的十八大上首次提出了“建设海洋强国”的奋斗目标，对我国海洋经济的发展具有重要的现实和战略意义。此后，2017年党的十九大和2022年党的二十大相继提出“加快建设海洋强国”，彰显出我国对海洋事业的高度重视。在2020年的国家“十四五”规划中，明确了

"积极开拓海洋发展的新领域"这一目标，旨在深化对海洋环境保护的研究，确保海域经济收益持续提升，并强化海域权益维护，从而助力海洋强国的构建。据自然资源部公布的《2022 年中国海洋经济报告》显示，2022 年全国的海洋产业产出达到了 94 628 亿元人民币，同比增长 1.9%，在国内 GDP 中的占比维持在 7.8%，与前一年度相比没有变化。自 2012 年至今，我国的海洋经济规模已经由 50 000 亿元扩大到了 94 000 多亿元，其在我国 GDP 中的比例稳定在 8%左右，说明海洋经济已经成为带动我国经济发展的主要驱动力。

尽管海洋经济拥有巨大的潜力，但实现其可持续发展仍需要一个全面的、长期的战略规划。与陆域经济发展相类似，海洋经济的发展并不会长期保持高速增长，在达到一定增长极限后，会转而进入一个相对平稳的时期，即迈入新常态阶段。在这一相对平稳的时期，我们应该积极探索海洋经济的发展机遇，积极参与全球性的海洋经济合作，以加速实现从海洋大国到海洋强国的跨越式发展。随着海洋经济活动的不断增多、沿海旅游产业快速发展、人类对海洋水产品以及海洋矿物与能源需求不断增长，海洋经济发展压力不断增大。同时，海洋经济发展正面临着海洋环境破坏与生态失衡的威胁[7]，气候变化导致海洋生态系统受损和海平面上升并加剧沿海灾害风险，同时，碳排放与污染对海洋资源与渔业产业造成不可忽视的影响，这些问题共同构成了海洋经济发展的挑战与难题。政府间气候变化专门委员会的研究表明，海洋与气候之间存在着复杂的物理联系，而这种联系可能会对未来的经济发展产生深远的影响[8]。

在面对当前海洋经济发展的机遇与挑战时，海洋绿色低碳发展应该占据更加突出的位置，因为它能为海洋经济的协调发展和海洋产业的合理布局提供源源不断的动力，并助力海洋经济走向可持续发展的道路。在国际层面，美国于 2010 年由总统奥巴马签署《*National Ocean Policy*》，旨在综合规划和管理美国海洋和沿海地区的资源和活动，鼓励可持续的海洋经济发展，并促进海洋环境的保护和恢复。为了确保该政策的贯彻，2012 年签署了《*National Ocean Policy Implementation Plan*》，以确保国家各个部门在海洋管理和保护方面协调一致，避免重复工作和冲突，提高海洋管理的效率和效果。2017 年，美国国家大气和海洋管理局（NOAA）发布《*National Ocean Exploration Program Strategic Plan*》，强调加强对海洋生态系统和生物多样性的研究，以更好地了解海洋环境和生物资源。而在国内，党的十八大报告中明确要并行实现"发展海洋经济"与"保护海洋生态环境"[9]；在"十三五"规划中更是强调要以扩展海洋"蓝色经济空间"为目标，增强海洋对经济发展的承载能力，严格控制可能破坏海域自然环境的各种活动。《2016 年中国海洋经济统计公报》提出要"保护海洋环境，拓展蓝色空间"，加快了对环境保护的监管，同时也有效地维护了海域的健康。2021 年"十四五"规划进一步强调要统筹规划海洋与陆地，促进海洋与人类和谐共存，实现海洋经济与生态的互利共生、互利共赢，助力实现中国从海洋大国向海洋强国的转变。面对海洋发展新常态阶段，打造新时代海洋经济绿色发展模式成为海洋建设发展的重要目标，推动海洋经济绿色低碳循环发展，以高质量、低碳、绿色、可循环的发展模式，促进海洋经济持续迸发活力，为实现海洋强国增添动力。

为了改善能源问题，“低污染、低能耗”的经济增长模式成为各国经济可持续发展的有力推动[10]，同时也是绿色经济发展、循环经济发展的必然选择，为此，国际社会也作出诸多响应。例如，欧盟发布了《欧盟气候法案》和《欧洲绿色协议》，其中包含了实现碳达峰碳中和的目标，并规划了未来减排措施和能源转型方向，这些政策的实施对欧洲地区的碳减排和可持续发展具有深远的影响。日本政府发布了《日本碳中和实现宣言》，宣布了实现碳中和的目标，即到2050年使温室气体排放净值为零，并规划了相关政策和措施，这一宣言表明了日本政府在应对气候变化方面的决心和承诺。美国虽然也发布了《国家确定计划》（*Nationally Determined Contributions*）、《气候行动计划》（*Climate Action Plan*）等文件，规划实现碳达峰碳中和的目标，但是在政治和政策变化的背景下，该计划的具体实施情况受到很大影响。

对于我国这样的能源消耗、碳排放大国来说，“双碳”目标的实现极为艰巨。在追求“双碳”目标的背景下，我们需要集中精力探索“减少碳排放”方面的途径和方法。2022年6月24日发布的《科技支撑碳达峰碳中和的实施方案（2022—2030）》在“碳达峰碳中和管理决策支撑行动”中指出：“加强科技创新对碳汇的技术体系和标准体系建设的支撑保障，为国家碳中和工作提供决策支撑。”一方面可以看出，开发和使用各种新兴科技手段或技术，进而最大化地减少各类生活、生产活动而产生的以二氧化碳为主的温室气体排放，是国家“双碳”工作的重要需求；另一方面则要“提升碳汇”，关注于增加对大气二氧化碳的吸收，即负排放的研发与实施。通过利用多种植物、微生物等，海洋能够有效地吸收30%以上的二氧化碳，从而缓解全球气候变暖，同时也为生物多样性提供了支撑，这也是“减碳”的重要实施途径。减排的同时增强自然生态系统的碳汇功能是实现2060年“碳中和”宏伟目标的必然途径。

聚焦“减少碳源”，转变能源发展方式是治本之策。2020年6月5日“世界环境日”，“奔向零碳”计划也随之开始，目的是聚合各方的智慧以及全球的合作伙伴，以期望能够有效地解决全球性的气候危机，促进全球的包容性发展，达到可持续发展的目的。2021年“世界环境日”为“奔向零碳”计划启动一周年，已经有来自92个国家的超过4 500家非官方机构积极投入到这个行动中来，共同致力于达成减少温室气体排放的目标。以欧盟为例，其自身很早就开始以环境治理为出发点着手解决气候变化问题，并持续积极推动内部以及国际上的碳减排进程。在1990年以前，欧盟的碳减排还是以治理环境为出发点并辅以能源调整。随着21世纪的到来，欧盟采取了多种有力的政策，包括推动新能源的开发利用、发展碳排放交易体系、优化市场资源配置、补贴新能源项目、推动碳汇技术创新等，这些政策的实施推动了欧盟整体碳减排，并且已经取得了一定的效果。2018年11月

28 日，欧盟通过了《欧盟 2050 战略性长期愿景》，该计划的主要目标是到 2050 年推动全人类的发展进程，并且以此为基石来推进减少温室气体排放的工作，从而实现具有竞争力且环保友好型的经济发展模式。从那时起，欧盟开始逐步形成其降低二氧化碳排放的目标和策略体系。自气候中性目标被提出，欧盟的减碳政策开始围绕气候中性，以能源结构调整推动各部门碳减排为主线，辅以创新负排放技术、发展绿色金融、增加碳汇等政策，共同推动碳中和的实现。2021 年，美国发布了《气候行动计划》（*Climate Action Plan*），其中包括一系列措施和目标，如加强清洁能源发展、推动电动交通、减少工业碳排放等，以应对气候变化和推动碳减排。

相比于陆域经济碳减排实现路径，海洋低碳发展的探索相对偏少。随着海洋经济发展顶层设计的不断完善，必须加强对海洋产业结构的调整，以满足经济发展的要求，此外，还需采取更加科学、环保的发展策略，以期达到更好的经济效益。因此，我们应该把高质量、绿色、低碳的发展思维纳入到产业调整中，引导资源要素的优化配置，以促进不同产业的发展，取得更加优良的经济效益。

2016 年 3 月，为发展国家海洋经济，“十三五”规划纲要中提出“发展海洋科学技术”“优化海洋产业结构”等重要举措。次年 5 月，国家海洋局发布了《全国海洋经济发展“十三五”规划》，并详细说明了如何推进海洋产业优化升级的具体措施[11]。“十三五”时期是我国海洋产业结构转型升级的关键时期，这对于我国经济社会而言至关重要，海洋产业亟需创新驱动力来焕发生产力，优化产业结构。2020 年，我国沿海城市及相关涉海部门，秉持坚决推进海洋经济高质量发展的态度，扎实做好海洋经济领域“六稳”“六保”工作，持续推动海洋经济结构优化，并初步展现出快速发展的势头。其中，海洋第一产业、第二产业、第三产业增加值分别达到 3 896 亿元、26 741 亿元、49 373 亿元，占海洋生产总值的 4.9%、33.4%和 61.7%，“三、二、一”型结构基本形成。近年来，我国为产业绿色低碳转型创造有利条件，积极化解过剩产能，培养战略性新兴产业。然而，值得我们关注的是，与实现碳达峰碳中和的目标要求相比，想要实现产业转型升级任务，我国仍面临巨大挑战。从产品结构来看，我国的产品能源消耗和物资消耗较高，增值率偏低，与全球先进水平仍有一定的差距。为了推动中国海洋经济的可持续增长，我们必须大力推动海洋运输、滨海旅游等产业的发展，并且不断增加产出，实现综合效益，同时也要加强科学研究，实现高效率、可持续以及最终的全面升级。为了更有效地开发利用海洋资源，我们应该采取多种措施，包括但不限于技术改进、政策完善、行业调整、新兴能源的研究、应用等，尽可能地减轻对高碳能源（如煤、石油、天然气能源）的依赖性，并尽可能地减轻对环境的污染，从而实现绿色、循环的海洋经济发展模式。

在“提升碳汇”方面，海洋是地球上最大的碳汇体，地球上 93%的二氧化碳储藏在海洋碳库中，是陆地碳库的 20 倍、大气碳库的 50 倍，而且比起森林的碳汇系统，它们的成本较低，操作简单，风险较小，效果较好，可以实现较长的储备期，因此，它们的固碳和储备功能十分突出，可以带来较大的环境效益和经济效益[12]。大力发展海洋碳汇，可以有效破除经济高增速伴随高碳排放的模式壁垒，从而实现经济增长与碳减排的双重目标。2009 年，联合国环境规划署（UNEP）、联合国教科文组织政府间海洋学委员会（UNESCO-IOC）和联合国粮农组织（FAO）联合发布的《蓝碳：健康海洋固碳作用的评估报告》中首次使用“蓝碳”一词，并介绍了海洋生态系统在气候变化和碳循环中起到的作用。自此之后，国际社会围绕海洋碳汇发布了各项政策，加强各国间碳市场的合作。针对全球气候变化的挑战，美国、澳大利亚和肯尼亚等国家采取行动，以推动碳排放减量，其中，美国于 2015 年提出海洋碳汇交易市场建设的“三步走”战略，这一战略旨在清晰界定蓝碳的法定地位，制定蓝碳核算标准，并严格审核所有参与碳排放的企业，为我国海洋碳汇交易的发展提供了参考。2021 年，由美国发布的《气候行动计划》中强调通过保护和恢复湿地、森林和土壤等生态系统，增加碳的吸收和储存能力。聚焦国内，2015 年，中共中央、国务院印发《生态文明体制改革总体方案》，强调了在全球范围内构建能够促进海洋碳排放的有力政策体系。2018 年 1 月 1 日正式实施的《中华人民共和国气候变化法》是我国首部专门针对气候变化问题的法律，该法律明确了国家对气候变化问题的基本原则、政策措施和责任分工，具体包括了保护和增加碳汇的相关规定。

浙江省是我国重要的沿海省份，拥有种类繁多且丰厚的海洋资源，具有优渥的自然条件。2011 年 2 月，国务院正式批复《浙江海洋经济发展示范区规划》。同年，浙江省委召开工作会议，全面部署建设浙江海洋经济发展示范区。近年来，浙江省海洋经济发展迅速，根据《中国海洋经济统计年鉴》，2020 年浙江省全年海洋生产总值 8 424.2 亿元，相比于 2015 年浙江省海洋生产总值的 6 016.6 亿元，涨幅近 40%，并且在“十三五”期间（2016—2020 年）年均增长 6.3%。与全国其他沿海省份相比，浙江省海洋生产总值占地区生产总值的比重常年保持在 13%以上，高于国内沿海省份平均水平 4~5 个百分点。

近年来，浙江以建设海洋强省为战略目标，以海洋领域供给侧结构性改革为主线，以创新体制与先行先试促改革，以产业集聚与转型升级促发展，以资源节约和环境保护促生态，上下联动、凝心聚力，大力发展海洋经济，成为全国海洋经济发展示范区建设的先行者。2021 年印发的《浙江省海洋经济发展“十四五”规划》提出海洋经济实力稳居第一方针、海洋创新能力跻身全国前列、海洋港口服务水平达到全球一流、“双循环”战略枢纽率先形成、海洋生态文明建设成为标杆等发展目标，在推动浙江省走向海洋强省，其中包括海洋经济实力稳居第一方阵、海洋创新能力跻身全国前列、海洋港口服务水平达到全球一流、“双循环”战略枢纽率先形成、海洋生态文明建设成为标杆，并明确提出将构建“一环、一城、四带、多联”的陆海统筹海洋经济发展新格局。在此背景下，如何促进浙江省海洋经济可持续发展，成为必须加以重视且予以解决的重大课题，进而为实现浙江海洋强省目标和打造“重要窗口”提供支持。

1.1.2 研究意义

在21世纪的今天，海洋已经成为世界经济的重要支柱，是世界各国交易的基础，海洋在全球经济增长的大背景和大环境下具有重要的经济价值以及生态价值。此外，海洋是地球上最广阔的领域，拥有巨大的经济潜力和资源，对推动经济发展、增加就业、保障粮食安全、实现可持续发展以及维护全球生态平衡均具有重要作用。

根据2021年3月世界气象组织（WMO）发布的报告，“蓝色经济”每年估值达3万亿~6万亿美元，占全球贸易额的3/4以上，为超过60亿全球人口提供工作机会。我国是一个拥有广阔海岸线、宽广海域和丰富海洋资源的大国，为了突破经济发展障碍并促进可持续发展，我们需要积极推动海洋发展，不遗余力地实现海洋强国的目标。随着中国特色社会主义迈向新的历史阶段，积极推进海洋经济的可持续发展，不仅是贯彻落实新发展理念、促进高质量发展的必由之路，更是坚定不移地践行陆海统筹、加速构建海洋强国的有力保障。

随着全球海洋经济竞争的加剧，“双碳”目标的实现对提升海洋经济实力至关重要。在碳达峰碳中和的战略背景下，结合海域独特的固碳特征与生态环境的优越条件，“探索开展海洋等生态系统碳汇试点”和“探索建立蓝碳标准体系和交易机制”等蓝碳方面的指导意见在我国被接连提出；相关沿海省份及地区也纷纷响应政策号召，结合自身实际，创新性地探索蓝碳举措。然而，在“双碳”背景下，我国海洋经济绿色低碳目标的创新实现路径的理论和实践研究仍然存在许多挑战，需要进一步加强和完善。

首先，针对海洋碳排放与碳吸收的开发与研究已成为“双碳”目标实现的重点之一，在政策层面、实践层面得到了有效响应。面向中国海洋经济发展现状，大多数相关研究主要立足于当前政策方案，从宏观角度去考虑国内海洋经济发展途径。随着全球化的加快，海洋新兴产业正以前所未有的速度增长，这一领域的发展离不开对先进技术的不断探索，以及对可持续性发展的深入挖掘。然而，受科技创新研发能力、资源与空间开发利用进程等条件的制约，我国海洋事业总体仍处于培育状态，其健康发展面临产业基础、海洋技术、开发成本和发展政策等多方面挑战。同时，对海洋经济协调发展的研究，目前大都停滞在定性分析的层次，没有更加全面地解释其背后的原因，也没有建立起一套更加严格、有效的理论和方法。此外，海洋产业发展与碳排放的关联性分析方面存在不足，产业结构升级的低碳化评估还处于探索阶段，难以为后续的“双碳”目标实现提供优化产业结构和路径的决策支持。

本书旨在通过梳理海洋经济、海洋产业、蓝色碳汇与低碳经济等概念及基础理论，总结已有海洋经济相关研究文献，综合运用区域经济学、产业经济学、统计学、计量经济学等多学科的理论与方法，探索浙江省海洋经济发展与蓝色碳汇的评价理论与方法，以便更好地解决浙江省的海洋资源、产业和市场的挑战，并为我们更好地理解和应对这些挑战提供新的视角。在理论上，尝试如何把相对成熟的产业结构调整优化理论从宏观层面应用到海洋产业结构领域，为构建可持续发展新模式提供重要借鉴，从而深入挖掘“双碳”目标的实施机制，以及绿色低碳技术的运用，加快经济结构转型，有效地减少资源的消耗，促进资源节约、环境友好型社会建设，有助于我们更加有效地应对全球性的气候变化。本书有助于推动海洋经济学的理论研究创新，具有一定的理论价值。

此外，高质量、绿色低碳的海洋经济发展不仅有助于保护环境、应对气候变化，还可以为经济增长提供新的动力，并在科技创新和国际合作方面带来新的机遇。积极发展低碳海洋经济将增强国家和地方海洋经济竞争力，提升国家综合实力和国际影响力。通过科学合理的方式开发海洋资源，可以推进生态文明建设，保护海洋生态平衡。海洋经济的发展将与海洋政策相互协调，为其他经济领域创造有利条件，特别是涉及渔业、航运和海洋旅游等领域。这有助于提高就业率，改善就业结构，吸引优秀人才，创造更多就业机会。本书融合理论与实证分析，运用绿色发展理念构建了海洋经济绿色发展评价指标体系，并进行了实证研究。同时，参考国内外海洋经济高质量发展模式和政策，通过模型定量分析，深入研究浙江省海洋生态、经济和产业发展，提出浙江省海洋可再生能源产业发展对策建议，以期为政府决策提供参考依据，推进浙江省海洋治理体系和治理能力的现代化，有助于实现浙江省海洋经济高质量、绿色低碳发展，对加快建设海洋强省具有重要的现实意义。

1.2 相关概念和理论

1.2.1 海洋经济

人口的不断增长导致人类对资源的需求不断增加，然而陆地资源紧缺以及生态环境问题使人们将发展目光投放至海洋，人类开始探寻、开发海洋，利用海洋资源并逐渐形成海洋经济这一重要产业。海洋经济的概念可以追溯至 1974 年，当时美国经济分析局（Bureau of Economic Analysis）首次将海洋经济的理念引入世界经济领域。然而，当时全球对于海洋经济的概念仍处于比较模糊的状态，直到 2004 年，美国海洋政策委员会（United

Committee on Ocean Policy）对其概念进行界定：海洋经济是利用海洋具有的特殊区位优势，直接依赖海洋相对于陆域的资源差异属性，或将海洋资源作为投入的要素，在海底或者海面进行的一系列相关经济活动[13]。聚焦国内，1978 年，我国著名经济学家许涤新、于光远等首次提议开设海洋经济学学科，以加强我国海洋经济的研究力度，建设国内研究海洋经济学的专业研究平台，自此，我国的海洋领域学者展开了对海洋经济领域的早期探索。2003 年 5 月，由国务院发布的《全国海洋经济发展规划纲要》中将海洋经济定义为：开发利用海洋的各类产业及相关经济活动的总和，包括海洋渔业、海洋交通运输业、海洋油气业、滨海旅游业、海洋船舶工业和海洋生物医药业等支柱产业，以及其他海洋产业的发展。

至今，国际组织普遍认为，海洋经济是由海洋相关产业经济与一切与海洋相关的跨产业的经济活动组成[14]，包括直接或间接开发海洋空间及资源的相关产业活动，并伴随着发生这些产业活动而形成的经济集合都可以被视为现代海洋经济的范畴，主要包括海洋渔业、海洋船舶工业、海洋交通运输业、滨海旅游业、海洋油气业、海洋矿业等，根据《海洋及相关产业分类》国家标准规范名称。根据国家标准《国民经济行业分类》（GB/T 4754—2017）、《海洋及相关产业分类》（GB/T 20794—2021）和海洋行业标准《海洋经济统计分类与代码》（HY/T 052—1999），海洋经济指开发、利用和保护海洋的各类产业活动，以及与之相关联活动的总和。海洋产业指开发、利用和保护海洋所进行的生产和服务活动。海洋产业分为海洋渔业、沿海滩涂种植业、海洋水产品加工业、海洋油气业、海洋矿业、海洋盐业、海洋船舶工业、海洋工程装备制造业、海洋化工业、海洋药物和生物制品业、海洋工程建筑业、海洋电力业、海洋淡水与综合利用业、海洋交通运输业和海洋旅游业[63]。海洋第一产业主要包括海洋渔业；海洋第二产业主要包括海洋油气业、海洋矿业、海洋盐业、海洋化工业、海洋药物和生物制品业、海洋电力业、海洋船舶工业、海洋工程建筑业等；海洋第三产业主要包括海洋交通运输业、滨海旅游业、海洋科学研究、教育、社会服务业等[15]。从狭义的角度来说，海洋经济是指能够直接从海洋中获取产品的生产与服务，对海洋直接获取产品进行的一次加工，以海洋（含海水）为基础而进行的生产与服务，以及与海洋相关联的一系列的管理、教育和科学研究。从广义的角度来说，除了狭义的海洋经济产业活动外，还包括所在地为沿海或内陆海洋资源的有效利用和开发提供必要的基础和条件的上下游产业活动。从更加宽泛的角度来看，海岛经济与沿海地区的非海洋直接相关的经济也可以划为海洋经济范畴[16]。

海洋经济发展至今，在全球经济中的地位逐渐上升，并成为欧美及亚太地区社会经济的重要来源，其主要包括以油气、渔业、港口航运和旅游为主体的相关海洋产业。根据 2016 年经合组织（OECD）发布的报告[17]，从 169 个发达国家的海洋经济数据库来看，全球海洋经济的年度生产额高达 1.5 万亿美元，相当于世界生产总额的 2.5%（约 590 亿美元）。就其组成而言，海洋石油与天然气的贡献约为整个海洋经济增长的34%，紧随其后的是海洋及沿岸旅游业（占比26%）、港务业务（占比13%）、海洋装备制造（占比11%）、航运服务（占比5%）、全球海产品的工业化鱼类处理（占比5%）以及船舶建造与维修（占比4%）等领域，相比之下，捕捞渔业（占比1%）、海洋水产养殖（仅占比0.3%）以及海上风能发电（仅占比0.2%）则占据了相对较小的份额。2018年6月，欧盟委员会发布了首份欧盟蓝色经济年度报告，该报告显示欧洲的蓝色经济正在迅速崛起，其发展势头十分猛烈，对欧洲经济增长具有极大的推进作用。2019年5月，欧盟委员会发布了第二份欧盟蓝色经济年度报告，报告指出，欧盟的六大海洋产业——海洋旅游业、海洋资源开发、海洋石油天然气、港口仓储、造船修理、海运业等，2017年总增加值（GVA）增长到1 800亿欧元，较2009年增加8%；总营业额为6 580亿欧元，较2009年增加11%，海洋产业发展呈现良好态势。

当前，全球已经进入“促进海洋经济可持续发展阶段”。海洋资源衰退与环境恶化等问题迫使国际社会与各国政府逐渐重视“海洋环境保护”与“海洋资源可持续利用”的议题。2012年，一篇论文刊登在《Nature》杂志上，提出了全球海洋健康指数的概念，引起了全球的高度关注。通过多项研究数据的统计，全球海洋健康总得分只有60分。2015年，联合国《变革我们的世界：2030年可持续发展议程》确定了“保护和可持续利用海洋和海洋资源以促进可持续发展”作为第14个目标。2018年1月，挪威牵头联合其他12个沿海国家的领导人成立了一个专门的高层团队，致力于推动世界海洋可持续发展。该团队在当年9月宣布将在2020年联合发布《可持续的海洋经济》以推动世界海洋经济的发展。从国际形势来看，各国越来越重视蓝色经济的发展，并积极寻找新的经济增长点。然而，根据联合国教科文组织于2020年12月14日发布的第二份《全球海洋科学报告》，全球海洋科学研究的经费比例平均值仅为1.7%（各国具体比例从0.03%到11.8%不等），远远低于其他主要重点科学领域的投资，可见对海洋科研经费的投入明显不足。

近年来，我国海洋产业正逐渐壮大并持续优化。当前，我国各海洋产业增长势头良好，已经形成以海洋石油工业、滨海旅游业、现代海洋渔业和海洋交通运输业为代表的四大海洋支柱产业，以传统海洋产业为主的产业结构正在向高新技术与传统海洋产业改造相结合的模式逐渐转变，致力于实现从资源消耗型到技术、资金密集型的产业结构升级。海洋技术的高速发展带动了我国海洋经济产业群体的规模扩建，与海洋高新技术研究同步发展起来的是高风险、高科技含量、高投入、高产出的海洋高新技术产业，包括海洋油气勘探开发技术及其产业、海洋生物技术和海水养殖业、海洋监测技术及海洋仪器制造业、海水淡化和海水直接利用技术、海洋能开发技术、海洋信息技术等。2021年，我国海洋新兴产业发展态势强劲，增速明显高于海洋传统产业，海洋生物医药业、海洋电力业、海水利用业增加值分别同比增长 18.7%、30.5%和 16.4%。海洋经济结构不断优化，海洋第一、第二、第三产业占比分别为 5.0%、33.4%和 61.6%，主要海洋产业实现增加值 34 050 亿元，同比增长 10.0%。由于前沿的深海科学和技术的进一步发展，以及我国海洋产业供给侧结构性改革持续推进，海洋产业结构将会进一步优化，第一、第二产业技术水平和价值在不断地提高，第三产业地位也在不断提升，为海洋经济的可持续发展创造了更多的机会，进而促进新产业的快速兴起，实现产业结构的持续优化。

总体而言，全球海洋经济的发展前景令人振奋，所带来的收益已远远高于其他领域，并且有望在 2030 年，其所带来的收益将到达 3 万亿美元之上。其中包括海洋水产养殖、海上风力发电、水产品加工、船舶修造在内的行业都将显著发展。近些年来，中国海洋经济和相关行业的各个指数都呈现出比国内其他行业更快的增速，已然成了国家经济发展的新引擎。此外，随着全球化进程不断深入，科技创新对海洋产业的发展起到了至关重要的作用，而海洋科学技术的提升也在加速发展中。各国的政府正在积极运用科技创新的力量来争取在国际竞争中占据领先位置。当下，我国正踏稳发展海洋经济的脚步，努力提升海洋科技的创新能力，加强海洋生态环境的保护意识，完善促进海洋经济绿色发展的政策体系，切实履行国际义务，广泛开展良好的国际交流合作，为全球海洋经济发展做出可观且客观的贡献。

1.2.2 低碳经济

自工业革命以来，大量的温室气体排放，导致全球各地气候变暖，并由其引发的海平面上升、极端天气与自然灾害频发、生物多样性锐减以及公共卫生事件等正严重威胁着人类的生存和发展。在人类生态环境逐渐恶化的背景下，低碳经济孕育而生。低碳经济，作为一种低能耗、低排放、低污染的经济模式，一直被作为维系经济发展与环境保护的重要纽带。2003 年，英国在能源白皮书《我们的未来：创建低碳经济》（以下简称“能源白皮书”）中首次提及了“低碳经济”（low carbon economy），认为低碳经济的目标是通过更少的自然资源消耗和更少的环境污染，实现更多的经济效益。“能源白皮书”详细阐述了如何应对能源危机和气候变化所造成的影响，它提出了一种新的、可持续的、节约资源的经济模式，旨在减少对化学燃料和其他可再生资源的消耗，从而实现英国早期的低碳经济。然而，书中针对低碳经济的概念却并未做明确界定，同时对低碳经济的评价指标也未详细介绍。

为此，诸多学者针对低碳经济的评价性指标作出补充。加拿大规划与资源生态学教授里斯率先提出“生态足迹”的概念，通过分析生态需求与自然系统承载力之间的关系，为往后各国制定相关低碳经济的政策措施奠定基础。进而，“碳足迹”这个词语是基于“生态足迹”这一观念衍生出的，它代表的是任何形式的企业、个体、商品或者活动的温室气体的总排放量，包括交通出行、制造及使用过程中产生的各种废弃物。到了 20 世纪 90 年代初，“碳排放脱钩”的理论开始出现并引起广泛关注，该理论旨在阐述如何切断经济增长与资源耗费或是环境破坏间的关联，揭示出二者之间存在的紧密关系，成了评估各个区域低碳状态的核心思想。随着大量研究人员对低碳经济理念的深入理解和提升，如今它的定义已经扩展至：以可持续发展为指导理念，以“碳排放量”为重要指标，通过技术创新、制度创新、产业转型、新能源开发等多种手段，最大限度地降低高碳能源消耗，从而达到经济社会发展与生态环境保护“双赢”的经济发展形态。

自 20 世纪 90 年代以来，全球环境有所恶化，世界各国纷纷出台关于应对气候变化的法规和制度。1994 年，联合国在全球范围内控制碳排放、减轻负面影响的问题上制定了《联合国气候变化框架公约》。该公约的出台为后续国际合作奠定了法律基础[18]，并构建了应对气候环境现状的基本框架。1997 年，世界各国达成共识，签署了《京都协议书》，成为历史上首个限制温室气体排放的法规，旨在保持大气温度稳定，预防全球变暖带来的不利影响。2007 年，联合国气候变化大会通过了《巴厘路线图》，为进一步落实《联合国气候变化框架公约》提供了指导。尽管《巴厘路线图》并没有法律约束力，但它是人类应对气候变化过程中的一个重要里程碑，提供了指导气候变化谈判的纲领和计划。

我国已经成为世界第二大经济体，也是全球第二大的能源供给国和需求国。随着对环境保护的日益重视，我国积极采取低碳经济发展模式，努力实现国民经济可持续发展，并且在国际上也发挥着重要的促进作用[19]。2006 年年底，我国第一部《气候变化国家评估报告》由中国科技部、中国气象局、国家发展改革委、国家环保总局等六部委联合发布，指出“低碳经济”将成为我国经济发展的重点。2007 年 6 月，我国正式发布了《中国应对气候变化国家方案》。2008 年 1 月 28 日，世界自然基金会（WWF）正式启动“中国低碳城市发展项目”，旨在借鉴国际上最前沿的技术，引入新能源产业及低碳经济发展方面先进理念和经验，促使中国实现城市发展模式转型[20]。清华大学也积极响应国家低碳号召，率先成立国内首个低碳经济研究院，围绕低碳经济、政策及战略等开展系统研究，为中国经济低碳发展规划可行路线。2008—2018 年，我国碳排放量经历了上升—下降—上升 3 个阶段，由 2008 年的 $205\ 770.26\times10^4$ t 增长至 2016 年的 $260\ 750\times10^4$ t，这一阶段碳排放量增速最快；到 2016 年，碳排放总量下降至 $253\ 858\times10^4$ t，说明我国节能减排工作初具成效；到 2018 年，我国碳排放总量又增长至 $271\ 574\times10^4$ t；而到了 2020 年，我国的碳排放强度，已经比 2005 年下降了约 48%，也就是近一半，这意味着，我们每创造 1 美元的国内生产总值，碳排放量减少了一半，充分表明我国低碳经济发展模式取得了一定的成效。

就当前发展形势来说，低碳经济的发展模式可以归纳为源头减量和过程控制两个方面。源头减量，从源头上削减指的是使用如风力发电、太阳能、水力发电、核电和地热发电等新能源替代煤、油及燃气等传统的燃料来源，以此来减少对“含碳”能源的需求并且确保其供应充足。过程控制，则是尽可能避免无谓的能量浪费，提升每种能源的有效应用程度，如工厂垃圾循环利用或热量回收等，这样就能限制能源的额外消费。此类低碳经济发展模式涉及生产模式、生活方式和价值理念的能源转型，是我国经济新常态下转变经济发展方式与资源保护“双赢”的必然选择，为我国低碳发展提供了良好的发展机遇。

我国作为世界上最大的发展中国家，随着全球范围内经济一体化进程的加快，清洁能源的开发利用是大势所趋。未来我国必将实现资源节约、环境友好型社会的建设目标，并从以高碳为特点的工业文明迈向以低碳经济和低碳社会倡导的生态文明新纪元。

1.2.3 蓝色碳汇

蓝色碳汇即海洋碳汇，简称“蓝碳”，描述了由海洋生物利用它们的特殊的生物固碳能力，从大气层中抽取出二氧化碳，经由一定的调节、转移及处理，最终被储藏起来的过程、活动和机制。此外，国际上也将这些具有吸收、固定并储存二氧化碳能力的海洋生物统称为海洋碳汇，比如，红树林、海藻和其他藻类等利用自身的光合作用捕获海洋碳汇，并以生物量和生物沉积的形式储存在海底，这类海洋碳汇具有碳存储周期长、固碳量大和效率高等特点。国际社会很早就关注到海洋生态系统在应对全球气候变化中将会起到主要作用[21]。

2009 年，“蓝色碳汇”的概念最早由联合国环境规划署（UNEP）和教科文组织政府间海洋学委员会（UNESCO-IOC）联合发布的《蓝碳：健康海洋对碳的固定作用》报告中正式提出，明确了海洋在碳循环过程中的重要作用，是应对全球气候变暖的有力武器。在 2010 年第 16 届联合国气候变化大会上，“蓝色碳汇计划”的发布进一步指出要重视沿海地区的海洋生态系统在降低大气中二氧化碳水平方面的重要作用，从而帮助我们应对当前的全球性气候危机。同年，世界保护联盟（IUCN）和联合国教科文组织政府间海洋学委员会（UNESCO-IOC）共同发布《蓝碳国际倡议》，强调各国社会应该采取科学的政策措施，以应对全球性的碳排放问题。2011 年，在联合国气候变化公约缔约方第 17 次会议上，发布了《海洋及沿海地区发展蓝图》，提倡国家制定政府部门规章，开展蓝碳交易，并设立专门的蓝碳资源开发基金，以促进全球碳排放的持续性减少[22]。

随着时代的发展，实现碳达峰碳中和的关键在于建立一个能够支撑碳排放量达到峰值的蓝碳系统，这不仅能够帮助我们实现碳排放的最小限度，而且还能够极大地改善环境，从而实现低碳经济的可持续发展[23]。近 10 年来，我国先后开展了多项涉及蓝碳的科研项目[24]。2011 年，厦门市正式启动滨海湿地建设，并取得良好效果，成为我国首批

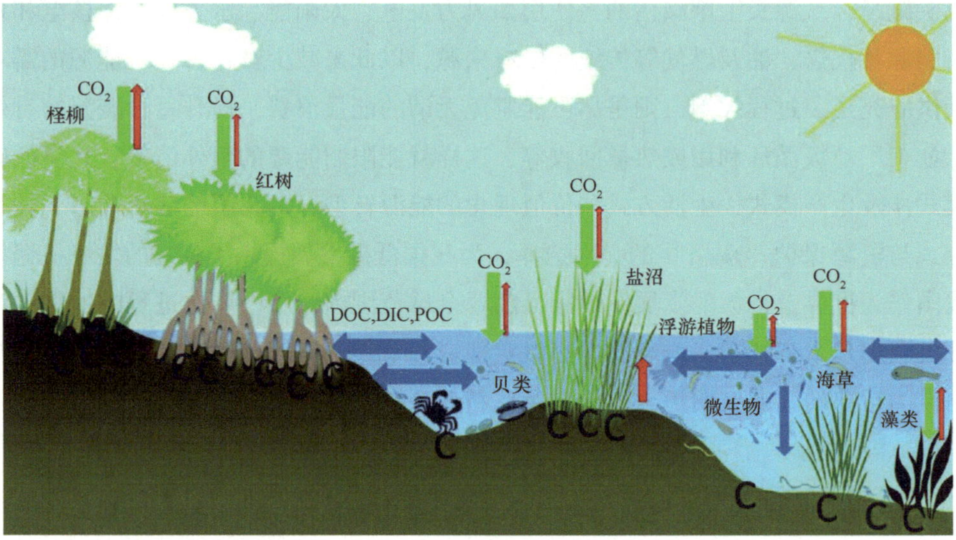

图 1.1　海洋碳循环示意

滨海湿地固碳示范区。2013 年，在国务院批准的《国家海洋事业发展“十二五”规划》中，将红树林、盐沼、滨海湿地等生态系统的修复和保护作为“十二五”海洋生态环境建设的重点领域。2014 年 8 月，中国科学院学部第 39 次科学与技术前沿论坛推出“中国蓝碳计划”，并成立“中国未来海洋联合会”。2015 年，中共中央、国务院《生态文明体制改革总体方案》提出“逐步建立全国碳排放总量控制制度和分解落实机制，建立增加森林、草原、湿地、海洋碳汇的有效机制”。2016 年，国务院在《“十三五”控制温室气体排放的方案》中再次提出：“加快发展海洋生态系统固碳技术，推进海洋固碳试点区域建设。”2017 年 6 月，在“一带一路”倡议中，我国提出构建“21 世纪海上丝绸之路”统一蓝碳市场的构想，通过加强国际合作来共同发展海上丝绸之路蓝碳市场。同年 8 月，中央深改组出台的《若干意见》中更是明确提出建立蓝碳标准体系及交易机制，发展蓝碳市场。

海洋是地球上最重要的碳储存系统，它储存了全球大约 93% 的二氧化碳，总量高达 40×10^{12} t。与陆地碳汇相比，蓝碳的开发潜力更大。尽管海洋植被的数量仅占陆地植被总数的 0.05%，但它们每年的固碳量却与陆地植物相当，而且由于其具备较快的碳吸附能力、较高的储存能力，能够净化大气中 30% 的二氧化碳，成为全球最具活力的碳循环系统。蓝碳是高效的长期碳汇，我国具备极其优越的海洋环境资源，有着广阔的管辖海域面积（近 300×10^4 km^2）以及超长海岸线（近 1.8×10^4 km），同时拥有海草床、红树林、盐沼这三大蓝碳生态系统，这在全球众多沿海国家中也少有，此外，大面积的滨海湿地（约 670×10^4 hm^2）为蓝碳事业带来了优异的发展条件[25]。近几十年来，我国的海水养殖业一直处于国际领先地位，根据最新的研究，通过人工培育的海藻，每年有 33×10^4 t 的碳被移出，人工养殖贝类可移出 86×10^4 t 碳。通过这种形式，中国的海水养殖业将会有效地降低 120×10^4 t 的二氧化碳排放量，并且还会使海洋生态系统的碳储备达到 34.9×10^4 ~ 83.5×10^4 t/y。自 2010 年以来，我国开展了大规模的海洋生态修复工作。2010—2017 年，中央财政支持沿海各地实施 270 余个海域、海岛和海岸带生态整治修复和保护项目。截至 2017 年年底，全国累计修复滨海湿地 4 100 hm^2，包括红树林、海草床和滨海沼泽等具有碳汇功能的湿地生境，切实提高了我国海洋生态系统的碳汇潜力。

根据当前的统计，全球海草床已完全退化的面积占近 1/3，且正以每年 7% 的速度迅速消失，比热带植物群落的减少率高出 2~15 倍，这种情况在我国也同样严峻。我国现有的海草种类仅剩 22 种，约占全球海草种类数的 30%，其中有 5 种被世界自然保护联盟（IUCN）列为易危种，两种被列为稀有种。此外，由于砍伐、污染、病虫害等多种因素的影响，致使我国红树林面积严重退化，当前仅我国东南沿海适宜红树林生存。自然资源部第三海洋研究所的研究表明，尽管近年来中国红树林和盐沼生态得到了关注，并且极力保育和恢复，使得它们的面积有所提升，但是人类活动和全球变暖等因素致使它们的生存环境仍然受到严重威胁。海草床退化已经成了全球人类不得不正视的问题。在蓝碳生态广泛分布的地区，为了保存这些自然环境，应当采取有效措施，如划定生态红线、建立海洋保护区、进行环境影响评价等，以确保开发强度的合理性，维护蓝碳自然生态系统的结构和功能的完整性。

1.2.4 可持续发展理论

全球变暖、自然资源日益枯竭等问题正严重制约着当今社会的发展。为此，人们开始思考采取行动，以避免这些问题对人类造成潜在危害。可持续发展是人们在文化进步与科技发展道路上不断探索与总结得出的最为科学的发展方式。然而，对于可持续发展概念的理解，全球的学术界仍然存在分歧，尚无法达成一致[26]。而其中最具影响力的“可持续发展”定义是由布伦特兰夫人所提：“可持续发展是既满足当代人的需要，又不对后代人满足其自身需求的能力构成危害的发展。”在这一定义中，可持续发展被赋予三重含义：可持续性、可持续发展以及可持续利用。其中，可持续性是指所有与人类生存和发展有关的事物都必须在时间和空间上不断发展；可持续发展是指随着经济的发展和社会服务水平的提高，人们的生活质量得到持续改善，生态环境得到有效保护，科技创新不断增强；可持续利用是指通过合理利用资源，污染物的排放量大幅度下降，新型能源得到广泛应用，资源开采速度在环境恢复速度范围内[27]。

可持续发展理论经历了近 50 年的不断探索，已经成为社会发展进程的指导性理论，并随着社会的发展不断被赋予新的内涵[28]。“可持续发展”概念最早可追溯至1972年在斯德哥尔摩召开的第21届联合国人类环境研讨会上提出的《人类环境宣言》，这是人类思考环境与发展问题的第一座里程碑，为我们探索和解决当今世界的环境保护和发展挑战奠定了基础。1980年，由联合国环境规划署（UNEP）、国际自然保护联盟（IUCN）、世界自然基金会（WWF）联合发表的《世界自然资源保护纲要》中，对可持续性发展思想进行了系统的定义和阐述，旨在提高全球人民对保护环境的认知，强调我们不仅要努力实现财富与经济增长，还要充分利用资源，以达到大自然与人类“双赢”，并且应当采取有效措施，确保未来的社会和个人能够获得更多的幸福，把环境保护和经济增长有机地融为一体，以达到可持续的发展。1987年，在世界环境与发展大会上可持续发展理论的内涵得到进一步的描述，最具影响力的“可持续发展”定义也由此得来。1992年，《里约热内卢环境与发展宣言》在环境与发展大会上被正式通过，众多国际组织与国家领导人在会上达成一致意见，即以可持续的方式推动世界的进步。这次大会正式将可持续发展理念从理论带入实践，对可持续发展的理论与实践有划时代的意义[29]。2002年9月，在里约热内卢会议召开10周年之际，联合国在南非召开了世界首脑会议，进一步商讨世界未来可持续发展规划，全球近200个国家的17 000多名代表出席了会议，就如何实现全球性的可持续性问题进行深入探讨。鉴于当今世界的经济差异、政治结构的多样化，以及每个国家的价值观念、政治理念的差异，在保障各国利益的同时，为保护全球生态健康可持续发展，本次会议通过了《约翰内斯堡政治宣言》和《行动计划》等在全球人类可持续发展历史上具有划时代意义的重要文件。本届会议的召开使人与自然和谐的观念得以普及，不仅拓宽了相关的学术视野，还推动了全球可持续发展的进程。

回顾我国的发展历程，可持续发展理论对我国的发展具有现实的指导意义[30]。为了更好地贯彻执行里约声明，《中国21世纪人口、资源、环境与发展白皮书》第一次将可持续发展战略纳入我国中长期发展战略，并在党的十五大中指出可持续发展战略为现代化建设中必须实施的战略。我国的生态文明建设是对可持续发展理论的有效实践。作为人口数量位居世界前列的人口大国，近年来由于经济发展的加速，各种资源的消耗和自然环境承受的压力都在逐年增大，可利用的资源逐步减少与不断增加的需求之间的矛盾不断加深，而人们对可持续发展的认知也越来越深，可持续发展的内涵也有所延伸。

关于可持续发展的基本原则，尽管学者说法不一，但也存在以下3点共识。

（1）公平性原则。公平性原则在可持续发展中扮演着关键角色，是指在人类内部建立公平机制，包含代际和代内公平的理念。代际公平强调了在不同时代的人们，包括当前和多代人，对资源和生态环境等方面的合理使用权利与相应的分配。这一原则强调，当代人的经济发展不应以牺牲后代人的经济利益为代价。当前人类有责任将物质文明和精神文明传承给后代，同时保持良好的生态环境，以维持后代的经济持续发展，传递可持续发展的生态文明理念。代内公平则着眼于同一时代不同地区人们对资源的占有和分配，旨在尽可能地实现资源的公平分配。不同地区的经济发展应拥有相同的权利，各地区应当均衡发展，以满足基本生活需求，共同实现美好生活的愿景。代内公平的实现关系到人们的经济权利，如不能保障资源公平分配，会加剧同代人之间的贫富差距，破坏人与环境之间的和谐共存。代内公平是代际公平的基础，后者要加强对后代资源、利益的保护，必须首先实现代内资源的公平分配。经济发展的公平性在很大程度上取决于代际和代内公平的协调。唯有通过公平地协调各种经济利益纷争，让人们形成共识，积极维护公平和谐的世界秩序，才能达到人与人、人与自然和谐共处的目标。在可持续发展的道路上，公平性原则引导着人们追求经济发展与环境保护的平衡，推动社会在公平、和谐、可持续的价值观下不断发展。

（2）共同性原则。实现可持续发展政策需要发挥个人的主观能动性，生活在地球上的人们享有良好环境资源的权利，同时也承担保护地球环境的义务与责任。尽管各国、各民族在经济、科技等领域的发展水平存在差异，以及他们所采取的可持续发展方式多样，全球可持续发展的规则仍需遵守。地球生态资源环境是人类生存和发展的基础前提，地球居民应主动履行环境保护的义务，这也是人类的共同责任。可持续发展是全球性的发展理念，确立了个体的主体意识，需要人类共同参与、协调配合。必须准确理解部分与整体之间的关系，包括各国的经济、科技发展与全球经济、科技进步之间的关联。每个国家的经济和科技发展离不开全球经济和科技进步，国家的发展受到全球发展的制约和影响，全球经济和科技的进步需要各国的共同努力。因此，各国的发展与全球的发展具有一致性和统一性。只有正确认识这种相互依赖关系，才能妥善处理国家经济和科技发展之间的矛盾，认识到在为共同目标协作时短期可能会有国家利益的牺牲，但为了获取更为长远、深远的国家利益，需要付诸实际行动。

（3）持续性原则。可持续发展在经济、生态和社会三个方面呈现持续增长、发展和进步。经济持续增长被视为各国摆脱贫困、提升人民生活质量的关键途径。随着全球人口的持续增长，为满足人们基本的生活需求，经济发展被赋予了优先地位。然而，传统的“高生产、高消耗、高污染”的经济增长模式已经凸显出对环境的严重破坏，导致经济、生态和社会的发展形成了恶性循环。为了建立新的经济增长模式，重点已转移到经济增长的质量上，包括减少能源消耗、提高生产效率以及开发清洁加工技术，旨在实现经济、社会和生态的协同可持续发展。

实现生态可持续发展的前提在于对自然资源的合理开发与利用，同时必须维护生态多样性，保护生态环境，有限度地在自然承载力范围内开采自然资源，并积极有效地治理环境污染。资源的保护需要通过设立最低安全标准来引导现代社会在资源利用方面承担特定的责任。此外，生态可持续发展和经济的持续增长都是社会可持续进步的保障。为实现这一目标，需从提高人口素质、大力发展医疗事业、普及环保科学知识等方面发力。这将引导人们深刻认识到不可过度开发和利用资源的重要性，进而转变为倡导环保的生活理念。

1.2.5 循环经济理论

循环经济，顾名思义，旨在确保经济发展过程中物质和能量的可持续循环利用[31]。目前，国际上对循环经济的观点主要集中于工业领域和废旧资源利用领域，涵盖了清洁生产、生态工业、工业共生体、“零排放”、废物减量化和资源最小化等概念；而在国内，循环经济的核心内涵得到了广泛认可，国家发展改革委明确提出：循环经济是一种可持续发展的经济升级模式，以有效开发和利用自然资源为核心。基本原则包括减量化、再利用和资源化，同时具备能耗低、污染小、效率高等特征，代表着对传统经济模式的重大升级，涉及大规模工业生产、生活消费和垃圾处理方式的根本性转变[32]。

循环经济的起源可以追溯到20世纪60年代，当时美国经济学家Boulding提出了宇宙飞船理论。他认为地球经济系统类似于一个宇宙飞船，虽然地球的资源系统更加广阔，寿命更加漫长，但只有通过循环经济的资源循环利用，地球才能长久存在[33]。20世纪70年代，循环经济的思想仅仅是一种概念，当时人们主要关注如何治理污染物以减少其危害。20世纪80年代，人们开始认识到应该采用资源化的方式处理废弃物，但关于污染物是否合理产生、是否应从生产和消费源头防止污染产生等根本问题，大多数国家仍未采取相应的政策措施。随着可持续发展战略在20世纪90年代成为全球潮流，环境保护、清洁生产、绿色消费和废物再生利用等开始整合为一套以资源循环利用和避免废物产生为特征的循环经济战略。这种战略强调源头预防和全程治理，取代了20世纪60年代末端治理的模式，成为全球环境与发展的主流，其特点是以物质资源的循环使用为核心，与线性经济相对。1996年，德国颁布了《循环经济与废物管理法》，正式引入了“循环经济”的概念，强调废弃物必须以13种不危害环境和人类健康的方式进行处理，并相应地制定了标准和技术性指导。1997年，一份名为《循环经济构想》的报告分析了日本面临的环境污染和资源匮乏等问题，并提出了构建循环经济的构想。2003年3月，日本内阁会议通过了《循环型社会形成推进基本法》，将构建循环型社会上升为日本经济社会未来总体发展目标，以立法形式促进循环经济与社会民众意识的整体思维同步。[34]

我国循环经济的发展历史经过了一系列阶段，自20世纪90年代引入“循环经济”概念以来，我国对循环经济的理论研究和实践不断深入，可以概括为发展起步阶段、示范推广阶段和全面推进阶段[35]。在发展起步阶段（1990—2002年），我国主要集中于理论研究和试点探索。1998年，引入德国循环经济概念，将“3R”（减量化、再使用、再循环）原则确立为核心。1999年，从可持续生产的视角提出了循环经济发展模式。进入示范推广阶段（2002—2005年），我国政府持续关注循环经济的战略重要性。在继承发展起步阶段成果的基础上，通过制定相关政策，促进了循环经济的发展。2002年，从新型工业化的角度认识循环经济的发展意义。2003年，将循环经济纳入科学发展观，明确物质减量化的发展战略。2004年，强调了不同空间规模下（城市、区域、国家）的循环经济发展。自2005年起，我国循环经济进入全面发展阶段。2005年7月，国务院发布了《国务院关于加快发展循环经济的若干意见》，正式标志着我国循环经济发展进入国家行动阶段。2006年3月，首次将发展循环经济纳入国民经济和社会发展规划。2008年8月，我国颁布了《中华人民共和国循环经济促进法》，标志着循环经济发展进入法治化和规范化阶段。在此基础上，2013年，国务院发布了《循环经济发展战略及近期行动计划》，强调了减量化、再利用和资源化的全流程管控理念，推动消费和垃圾减排，提高废弃物利用水平。2017年，国家发展改革委等14个部门联合印发了《循环发展引领行动》。2021年7月，经国务院同意，国家发展改革委印发了《“十四五”循环经济发展规划》，明确到2025年，将全面推广循环型生产方式，将普遍普及绿色设计和清洁生产，大幅度提升资源的利用和综合管理能力，推动资源循环型产业体系构建，有效提高资源利用效率，进一步提升再生资源循环利用能力，进一步提升再生资源对原生资源的替代比例，并建立资源循环利用体系。循环经济对资源安全的支撑和保障作用将更加突出。

事实上，循环经济的核心在于构建基于“资源—产品—再生资源”的生产和消费模式。循环经济不仅仅是简单地实现再生资源的循环利用，更是一种在可持续发展理念的指导下的新型发展模式。它强调在优先减少资源消耗和废物产生的基础上，综合运用“3R”原则，即资源减量化（Reduce）、物料循环利用（Recycle）以及废弃物回收再利用（Reuse）[36]。

资源减量化（Reduce）：在生产全过程中，着力实现物质的循环使用和能量的再利用。此外，还需要在水、土地、能源等资源的使用方面追求减量化，并严格控制污染物的生成。在日常生活中，也需减少对物品过度的需求，以减少废弃物的排放。

物料循环利用（Recycle）：除了使企业产生的废物得到循环利用，还涵盖了经济生产方式的转变，从粗放型向集约型转变，为循环经济提供技术和产业支撑。例如，恢复耕地、废水回流以及余热的收集和利用等。

废弃物回收再利用（Reuse）：在生产方面，意味着通过提升产品质量，延长产品寿命，实现生产的节约，并尽可能地利用可再生资源。例如，在生产过程中充分应用地表水、太阳能和风能等。在日常生活中，鼓励人们购买可重复使用的商品。

综上所述，循环经济的基本理念是建立在资源可持续利用和废物最小化产生的基础上，通过资源的减量化、再使用和物料循环利用等措施，实现经济的可持续发展，同时推动产业结构和生产方式的转变，以更为环保和高效的方式满足人类的经济需求。

1.3 “双碳”目标的战略部署

气候变化对人类的生存和发展带来了极为紧迫的挑战，在这一背景下，积极应对全球气候变化、推动绿色低碳发展已经成为国际社会的普遍共识。作为全球最大的发展中国家，我国承担着巨大的责任。我国旨在完成全球最高碳排放强度的显著降低，实现碳达峰碳中和的目标。然而，要完成这一目标需开展经济结构、能源结构以及生产生活方式的全面变革，所面临的挑战和困难前所未有。

推进碳达峰碳中和工作，不仅仅是为了解决我国在资源环境约束方面的突出问题，实现可持续发展的紧迫需要，更是为了紧跟技术进步的趋势，推动经济结构向低碳转型升级，以适应未来的发展。此外，这也与满足人民日益增长的对优质生态环境的需求息息相关，促进人类与自然的和谐共生。值得强调的是，我国在全球舞台上积极主动承担大国责任，努力推动构建人类命运共同体，为推进碳达峰碳中和工作提供了根本保障。

中国国家主席习近平在2020年9月22日联合国大会一般性辩论上宣布，我国将采取更为有力的政策和措施，争取在2030年前实现二氧化碳排放的峰值，力争在2060年前实现碳中和目标[37]。这一“双碳”目标的提出是基于深刻的国内外发展背景，既凸显了我国实现可持续发展的内在迫切需要，又彰显了我国在构建人类命运共同体方面的积极责任。这一目标的推进和实现，不仅对我国的经济社会产生深远影响，也为全球可持续发展做出了重要贡献。

1.3.1 国家战略目标

当前，全球已有超过130个国家和地区承诺实现碳中和。在中国，实现碳达峰碳中和是党中央协调国内外两个大局所作出的重大战略部署，是解决资源环境压力、实现可持续发展的必然选择，实施“双碳”目标将进一步推动我国绿色发展进程。作为2020年唯一实现正增长的主要经济体，我国肩负着引领世界经济“绿色复苏”的重要任务。自“十一五”规划起，我国已将节能减排纳入国民经济和社会发展规划中，实现了从中央到地方各级政府常态化推动的格局。截至2019年年底，我国碳排放强度较2005年下降了约48.1%，非化石能源占一次能源消费的比重达到了15.3%，实现了基本扭转碳排放快速增长的趋势，并提前完成了中国政府在哥本哈根气候变化大会上的自主减排承诺。

我国实现“双碳”目标的基本思路清晰明确。力争在2030年前实现二氧化碳排放达到峰值，单位国内生产总值的二氧化碳排放量将比2005年减少65%以上，非化石能源在一次能源消费中的比例将达到约25%，风电和太阳能总装机容量将超过12亿kW，同时努力在2060年前实现碳中和。在“十四五”时期，单位国内生产总值的能源消耗和二氧化碳排放量将分别下降13.5%和18%。为实现碳中和，我国将促进能源电力系统的低碳化、电气化、智能化，推动不适于电气化的领域使用低碳燃料并应用负排放技术。为此，国家发展改革委等部门颁布了一系列政策及措施，2021年10月，中共中央、国务院正式发布了《中共中央 国务院关于完整准确全面贯彻新发展理念做好碳达峰碳中和工作的意见》，同月，国务院印发了《2030年前碳达峰行动方案》，为系统策划和总体部署碳达峰碳中和工作提供了框架。2022年3月，国家发展改革委、国家能源局印发了《“十四五”现代能源体系规划》。2022年8月，科技部、国家发展改革委、工信部等9部门印发了《科技支撑碳达峰碳中和实施方案（2022—2030年）》，其中提出了支持实现2030年前碳达峰目标所需的科技创新行动和保障措施，以期为在2060年前实现碳中和目标做好技术研发积累。

为了实现这一目标，中国作出了一系列战略部署。

（1）加强政策引导。政府出台了一系列支持“双碳”目标实现的政策，包括推动能源结构优化、提升能源效率、推广绿色技术、支持清洁能源发展等。这些政策的制定和实施将为实现碳达峰碳中和提供有力的政策支持。

（2）推动能源革命。中国加速推动能源革命，大力发展可再生能源，特别是风能、电能和太阳能等。通过提升清洁能源在能源消费结构中的比重，减少煤炭等高碳能源的使用，实现能源生产和消费的绿色转型。

（3）推进产业升级。中国积极推进产业升级，鼓励高耗能、高排放产业向低碳、绿色产业转型。通过技术创新、绿色制造等手段，实现生产方式的绿色转变，减少碳排放。

（4）强化环境监管。强化排放标准的执行和落实，对高污染、高排放企业将进行更加严格的监管和整治，以确保环境保护与碳减排目标的协调推进。

（5）推动绿色金融发展。鼓励金融机构支持低碳和环保项目，发展绿色金融体系，为绿色低碳发展提供资金支持。

（6）提升环保意识。加强环境保护宣传教育，引导公众和企业增强环保意识，积极参与碳减排行动，推动绿色生活方式的普及。

（7）加强国际合作。积极参与国际合作，与其他国家共同应对气候变化挑战。在联合国气候变化框架下，加强国际交流与合作，共同推动全球绿色低碳发展。

“双碳”目标的实现是一个宏伟而艰巨的任务。面对这样的任务，需要将战略思维贯穿至整个“双碳”工作过程，其中，我们需要正确处理好下述四组关系。首先是发展与减排的关系。减排并非削减生产力或完全停止排放，而是要秉持生态优先的态度，倡导绿色低碳，并实现社会经济发展的绿色友好转型，在绿色转型中创造更加重要的价值。要坚持综合规划，确保在减排过程中保障能源安全、产业链供应链安全以及食品供应安全，保障人民正常生活。其次是整体与局部的关系。全国整体发展的意识至关重要，加强国家部门之间政策措施的协同，确保形成协同效应以创造最优化效益；同时也要充分考虑各个地区的实际情况，包括资源分布、产业分工等，合理制定各地“双碳”行动计划和路径。再次是长期目标与短期目标的协调。既要在当前解决实际问题的基础上逐步取得小胜，也要放眼未来，稳步推进降碳工作，注重实事求是、有序推进、持续发力。最后是政府与市场的关系。需要坚持政府和市场的双重推动，促使积极有为的政府与高效的市场良性结合，推动“双碳”工作的激励和约束机制建立和完善。

与此同时，随着以重工业为主的工业化进程逐渐结束，传统制造业的碳排放逐步趋于峰值并进入平台期，先进制造业和现代服务业比重持续增加，新一代信息技术和绿色低碳技术广泛应用并渗透到各个产业领域，为实现碳达峰碳中和创造了有利条件，并带来了可观的绿色低碳转型收益。

中国“双碳”目标在应对气候变化、促进经济转型、树立全球领导地位等方面具有深远的战略意义。这一目标的实现不仅将带来国内可持续发展，也将为全球环境和未来的人类共同利益做出重要贡献。从国内到国际层面都具有重要的影响和意义，体现在多个方面。

（1）中国的“双碳”目标是应对气候变化的紧迫需求。随着全球气候变化的影响逐渐显现，采取有力的行动来减少碳排放、实现碳中和已成为全球共识。作为全球最大的发展中国家，中国在减少碳排放方面拥有巨大的潜力和责任。通过实现“双碳”目标，中国将有效地降低全球碳排放总量，为全球气候治理做出积极贡献，为国际社会传递积极的信号。

（2）实现“双碳”目标将促进经济结构的转型升级。传统高碳发展模式在发展过程中对环境造成了严重的影响，而转向绿色低碳发展模式将使经济转向高质量的可持续增长。通过加大对清洁能源、可再生能源等的投资，推动技术创新和产业升级，实现经济结构的转型，为中国经济未来可持续发展打下坚实基础。

（3）中国“双碳”目标的实现将树立中国在全球可持续发展中的领导地位。作为全球最大的温室气体排放国，中国承担着巨大的国际责任。通过设定雄心勃勃的“双碳”目标，中国将展现出积极的环保态度和领导力，为其他国家树立了榜样。这也为中国在国际合作中发挥更大的作用创造了机会，为共同应对全球气候变化挑战提供了契机。

1.3.2 浙江省“双碳”目标实践

在“十四五”规划阶段以及今后的时期，浙江省的生态环境保护工作面临着机遇与挑战交织，同时也存在着动力与困难并存的局面。在全面推进生态环境保护工作方面，仍然面临着巨大的责任和使命。必须紧密对接社会主义现代化先行省和美丽中国示范区建设的目标，保持坚定的战略定力，强化系统性思维，坚持底线思考，充分把握新的机遇和条件，适应各种风险和挑战，努力创造出生态环境保护领域的新局面，为高水平推进美丽浙江建设奠定坚实的生态环境基础。

2021 年 6 月 8 日，浙江省委科技强省建设领导小组发布了《浙江省碳达峰碳中和科技创新行动方案》（以下简称《行动方案》），旨在针对浙江省实际情况，推动可再生能源的应用。该方案分为总体要求、重点任务、组织保障三大部分，全面分析了能源消费总量、碳排放总量、能耗强度以及碳排放强度四个关键指标，提出了具体技术路线和行动计划，浙江省计划于 2025 年实现碳达峰，2030 年实现碳中和。在 2025 年之前，浙江省将初步建立全省绿色低碳技术创新体系，显著提升绿色低碳前沿技术原始创新能力，大幅度增强减污降碳关键核心技术攻关能力，争取领跑碳达峰碳中和技术领域。

2022 年，浙江省紧密围绕“双碳”目标，采取了进一步的举措。2022 年 2 月 17 日，浙江省委、省政府印发《关于完整准确全面贯彻新发展理念做好碳达峰碳中和工作的实施意见》中明确了 3 个阶段性目标：2025 年前，浙江省将基本建立绿色低碳循环发展的经济体系，完成国家下达的单位 GDP 能耗和单位 GDP 二氧化碳排放降低率目标；2030 年前，全面实现经济社会的绿色转型并取得显著成效；2060 年前，全面构建绿色低碳循环经济体系，清洁低碳安全高效的能源体系以及可持续的碳中和长效机制。2022 年 6 月 21 日，浙江省财政厅发布《浙江省财政厅关于支持碳达峰碳中和工作的实施意见》，指出应发挥财政政策的基础性作用和支柱性作用，建立支持绿色低碳发展的财税政策体系，为实现国家级碳达峰碳中和示范省提供有力的财政支持。此文件的发布，标志着全国首个省级财政支持碳达峰碳中和的政策正式出台。文件中，浙江省在财税政策方面提出了“四大政策措施”，包括优化财政支出政策、实施相关税收政策、完善政府绿色采购政策以及深化多元化资金投入机制。

为实现“双碳”目标，企业迫切需要获得碳标签等“双碳”认证，这促使推行“双碳”认证试点成为紧迫需求。“双碳”认证试点将有助于引导企业转向低碳生产方式，同时也有助于克服绿色贸易壁垒。然而，由于目前缺乏全国统一的碳标签等“双碳”认证标准和认证体系，企业无法获得可信的认证支持。因此，国家亟须制定碳相关认证制度，以明确证明企业在降碳减排方面的努力。2022 年 9 月 30 日，浙江省市场监管局发布了批复文件，支持湖州市开展“双碳”认证试点，这在国家“双碳”认证体系和省市场监管局深化绿色认证集成改革框架内具有重要意义。湖州市将以成功的绿色认证改革为基础，构建适合其产业生态特色的“双碳”认证体系，包括产品碳足迹、竹林碳汇、碳中和、碳排放管理等，通过多种认证手段推动产业质量提升和绿色低碳循环发展。

浙江省在实现“双碳”目标方面采取综合性、多层次的战略部署，通过政策引导、技术创新和产业转型等手段，推动碳减排和绿色低碳发展。浙江省“双碳”目标战略部署的实践意义不仅体现在环境保护和气候变化领域，还涉及经济、科技、产业和国际合作等多个层面，为实现可持续发展和促进区域繁荣做出了重要贡献。

2　海洋经济绿色发展

海洋作为地球自然生态系统不可分割的一部分，是人类经济社会可持续发展的基础，也是应对全球气候变化的重要一环。在生态文明建设和“双碳”背景下，我国沿海地区经济发展正逐渐以绿色发展作为重要导向，深入探索和发展海洋低碳经济，推动海洋经济高质量、可持续发展。

2.1　海洋与全球气候的相互影响

海洋作为地球气候系统的重要组成部分，主宰着地球的水和碳循环，可以有效地调节和稳定气候，被称为地球气候的“调节器”。但全球变暖带来的冰川消融、海平面上升和海洋生态系统紊乱等问题导致了海洋极端事件频发，全球气候的变化也在深刻地影响着海洋环境。

2.1.1　海洋对全球气候的影响

气候系统由大气、海洋、陆地表面、冰雪覆盖层和生物圈 5 个部分组成。太阳辐射为系统提供了主要的能量来源，通过太阳辐射，气候系统的内部会发生一系列复杂的变化过程，包括物质交换和能量交换，从而使整个系统紧密地联结成为一个开放系统。海洋作为地球气候系统的重要组成部分，在气候变化中扮演着重要角色，通过与大气进行水循环和物质能量循环等方式在调节和稳定气候方面起着决定性作用。

水循环系统是由多个环节组合而成的庞大动态系统，海洋、陆地和其他各类水循环一起组合成了全球性的水循环。地球上各种形式的水，在地球引力和太阳辐射的作用下，通过水的蒸发、水汽传输、凝结降落、下渗和径流等环节，不断进行着周而复始的运动和转变，这便是水循环的过程。在这一过程中，海水蒸发形成水汽到达海洋上空，一部分降温冷凝再次落入海中，另一部分随着大气活动进入陆地上空。在空中的水汽遇冷空气将会冷凝形成降水，降雨落在地面，一部分在地表形成了地表径流，多余的下渗到达地下水面，形成地下径流，最终又将流入海洋。蒸发是水循环的环节之一，自然界无时无刻不在发生蒸发现象。水通过蒸发产生水蒸气，水蒸气进入大气并随大气活动而运动。海洋面积约占地球表面积的71%，因此，大气中的水汽主要来自海洋，海水蒸发时将大量的水汽带到大气中。从降雨到山洪，海洋中的水汽都在发挥着重要的作用。

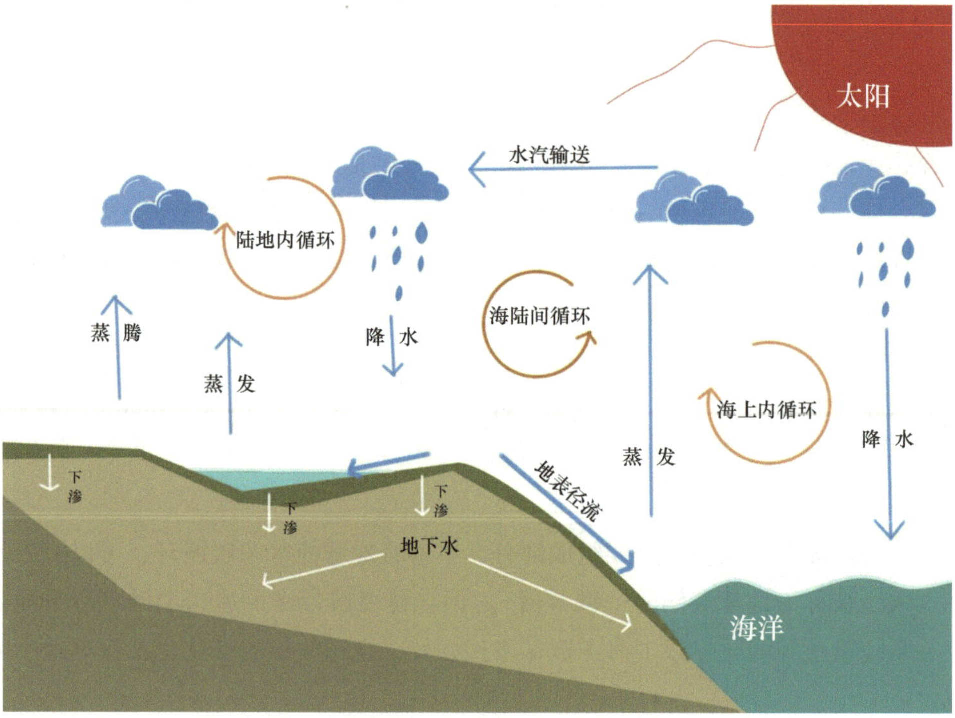

图 2.1　水循环过程

除了参与水循环之外，海洋在全球能量循环中也起到了非常重要的作用。浩瀚无垠的海洋经过太阳辐射之后，海水温度随着深度逐渐降低，由于海水比热容大，无垠的海水中蕴含着巨大的能量，全球90%以上的热量都储存在海洋中。同时，海洋并非静止不动的，海洋中存在的各类环流是热量传输的重要载体，地球上存在不同的气温带地区，热带地区与中高纬度地区在能量接收方面存在差异，因此需要海洋的经向热量输送才能致使全球的能量平衡。

此外，与陆地生态系统一样，海洋生态系统是地球上重要的碳汇，海洋每年大约吸收1/3全球二氧化碳排放量。海洋是地球上最大的活跃碳库，全世界一半以上的碳被盐沼和红树林等生态系统吸收[38]。海洋的储碳能力十分出众，大约是陆地碳库的20倍[39]，是全球升温环境下的重要“蓝色碳汇”。海洋对大气中二氧化碳的吸收主要有两种途径。一是通过海洋与大气的气体交换以及海水运动的推动过程溶解二氧化碳，通常低温海水对二氧化碳的溶解能力更强。海水中的无机碳以碳酸氢盐、碳酸根离子以及二氧化碳

3种形式存在，其中只有1%以二氧化碳的方式存在，这使海洋中的大量海水成为一个巨大的二氧化碳容器，具备在大时间尺度下吸收和影响二氧化碳浓度的强大能力。二是海洋生物性碳泵[38]。二氧化碳穿越海水表面进入水体内部，海水中溶解的二氧化碳可供海洋植物生长，海洋藻类植物通过光合作用产生碳水化合物。在此过程中，所需营养物质碳、氮、磷的比例大致为106：16：1，也就是说，生物生长需要106份碳、16份氮和1份磷[40]。从大气中进入海洋的二氧化碳就这样被海洋生物生长所消耗。通过此种方式，海洋可以调节大气中的二氧化碳浓度。这两种方式在调整二氧化碳浓度方面都十分有效。

海洋生态系统包括珊瑚礁、海草床、红树林、牡蛎礁、海藻场、盐沼、泥质海岸、砂质海岸、河口、海湾等生态系统，其中珊瑚礁、海草床和红树林生态系统又被称为三大典型的海洋自然生态系统。珊瑚礁是生物多样性最丰富的海洋生态系统之一，海洋中大部分生物都将珊瑚礁作为栖息和繁殖的最优选择，有着“海洋中的绿洲”的美称。同时，它另一个十分重要的作用就是调节海水中的二氧化碳浓度，如果没有珊瑚和珊瑚礁，那么海水中的二氧化碳浓度就会失衡。我国是世界最重要的珊瑚礁国家之一，珊瑚礁面积约占世界珊瑚礁总面积的13.5%。海草主要生长在热带以及温带浅海中，大片海草构成的海草床具有强大的“碳封存”能力，是重要的有机碳库[41]，虽然海草床只覆盖了0.2%的海底面积，却储存了海洋每年10%的碳吸收量，是极其重要的“蓝色碳汇”。红树林是位于热带和亚热带海岸潮间带的湿地木本植物群落，主要是红树植物组成的长青乔木或灌木。它在净化海水、保护海岸免受风浪侵袭、吸收二氧化碳并储存碳、保护生物多样性等方面发挥着重要作用，因此被誉为“海岸卫士”和“海洋绿肺”。

2.1.2 全球气候变化对海洋系统的影响

以全球气候变暖为主的全球气候变化问题正严重威胁着人类的生存和发展。据世界气象组织发布的《2022年全球气候状况》临时报告，与工业化前相比，2022年的全球平均气温上涨了约1.15℃[42]。人类在近一个世纪以来大量使用化石能源，化石能源燃烧会排放温室气体，温室气体的过量排放会造成温室效应，从而使全球气温上升。近年来，全球气候变暖加速，由此引发的物候期提前、冰川消融、海平面上升、海水温度升高、海洋酸化等多项历史纪录被刷新，气候极端性增强。

冰川是地表重要的淡水资源。在全球气候变暖的大背景下，冰川正在加速消融，冰川的加速消融将会给全球环境带来巨大的影响。极地的大型冰川能够反射太阳光，从而保护地球的温度不会快速升高，冰川开始消融后，表面融化的冰水将加速下层冰川的融解，长此以往便形成了恶性循环。研究发现，从2000年到2019年，全球冰川的消融速度为每年

(267±16) ×10^8 t，相当于观测到海平面上升的 (21±3)%[43]。同时，冰川消融会带来局部灾害，喜马拉雅山脉冰川滋养着印度河、塔里木河、恒河和雅鲁藏布江等流域及其周围分布的大量灌溉区域和人口密集的地区，持续加速的冰川融化将会使冰川融水量在未来的几十年内达到峰值，然后再开始下降，这些变化将会加剧洪水和水资源短缺的风险，从而对位于流域下游的国家造成严重影响[44]。若喜马拉雅山脉冰川按照此等速度消融，尼泊尔和不丹将会发生洪水泛滥，而等到冰川消融的峰值结束，又会导致那些以冰川融水为水源的地区发生大旱危机[45]。冰川消融也将给人类的生存环境带来威胁，古老的冰川和冻土层中蕴藏着数种微生物和超级病菌，随着冰川消融，这些病菌将会流入水体[46]，这些微生物和病菌的出现或许会对人类的健康产生威胁，而动植物的生存环境被破坏，则可能导致动植物的种群迁移与灭绝，这都将会对人类的生存环境产生重大的影响。

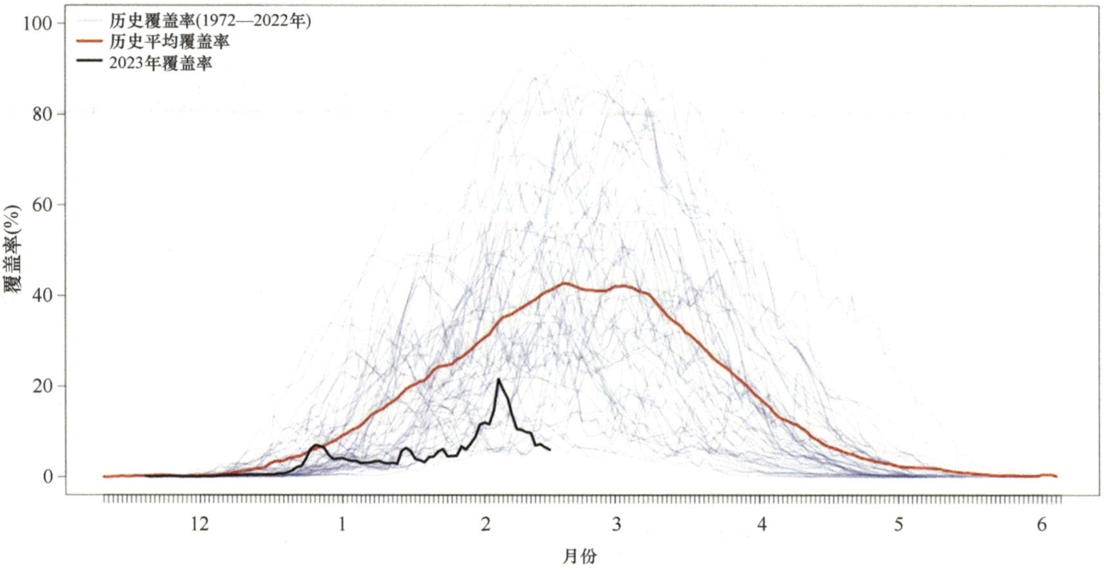

图 2.2 北美洲五大湖冰盖覆盖面

数据来源：美国国家海洋和大气管理局

冰川消融所带来的一个显而易见的后果则是海平面上升。自 20 世纪以来，全球平均海平面上升了 11~16 cm[47]。海平面的持续上升将会带来巨大的影响。预计到 2100 年，海平面可能最低将会上升 1~2 m[48]。在太平洋和加勒比海地区分布着世界上大部分的岛屿国家，据统计，全世界有 40 多个岛屿国家，地理面积总和约为 77×10^4 km^2，这些地区极易遭受海洋灾害毁灭性的打击。大部分岛国的海拔高度很低，有的只比海平面高出一点，这些国家利用海堤保护国家领土，但海平面的持续上升可能会冲破海堤，导致国家被淹没[49]。全世界约 3/5 的人口生活在繁盛的沿海区域，随着海平面的迅速上升，这些地区将是首当其冲的重灾区。随着海平面的持续上升，曼谷、悉尼、纽约、东京、上海和威尼斯等大型城市将面临严重威胁[50-52]。河口三角洲地区作为典型的人口密集区域同样存在巨大的危机，亚洲地区的河口地区如恒河三角洲以及我国的长江三角洲和珠江三角洲都将面临被淹没的风险[53]。

海平面上升会使沿海的沙滩侵蚀。据统计，我国沿海已有70%的砂质海岸被侵蚀后退[54]，海平面上升后生态环境资源会遭到破坏。海平面上升将会导致海水入侵，海水会经由河口地带与河水混合，过量的海水流入各大流域后会造成淡水盐碱化，此类水源如果进入城市供水系统和工农业用水系统，会危害人类健康和农业生产；海平面上升导致台风和暴雨等极端天气强度的加剧[55-56]。最近研究表明：未来会出现更多、更强的极端降水，各类骤发性洪涝灾害也将因此变得更加频繁和严重，河口海岸地区会由于越来越多的极端降水而发生河道洪水等自然灾害[57]。原已建设好的防潮工程也会因为海平面的上升而失去原有的功能，风暴潮位的抬升会造成更大面积、更为严重的灾害事故，让本不易受到波及的地区也遭受灾害。

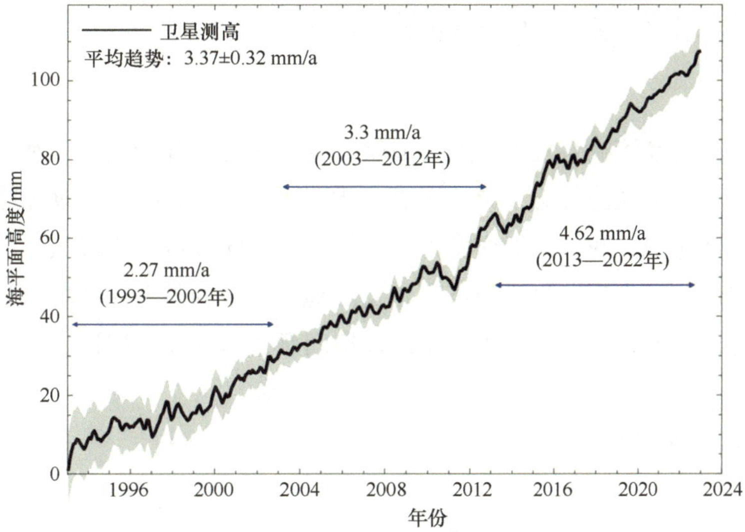

图 2.3　全球平均海平面变化及不同时段上升速率

数据来源：《2022年全球气候状况报告》

海洋温度升高是全球气候变暖的强有力证据之一，海洋温度升高会对全球气候和海洋生物产生较大的影响。一方面，海洋温度升高会加强海水蒸发，致使降水增多，并且为台风提供能量，增强台风强度[58]。另一方面，海洋温度上升还会影响海洋的盐度、pH、溶解氧深度，从而对海洋生物造成影响，致使鱼类种群重新分布，同时还会伤害珊瑚礁，破坏海洋生物多样性[59-60]。研究表明，海洋微生物在海洋物质循环过程中占据着重要角色，而全球升温正在导致海洋微生物的代谢与多样性受到严重威胁[60]。此外，全球温度升高将会导致海洋生物的性别比例失衡，有研究发现，太平洋地区海龟繁殖后代中的雄性占比十分低，而这正是由于温度上升所导致的[61]。全球变暖导致的海洋酸化也是全球正在面临的十分严峻的海洋环境问题。伴随着海水温度和大气中二氧化碳浓度的升高，海水水体也在逐渐酸化。海洋酸化正在迅速改变世界海洋的碳酸盐系统。过去的一些大规模种群灭绝事件与海洋酸化有直接关系，目前，海洋酸化的变化速度更是前所未有的。这些变化将对海洋种群产生重大的影响，特别是贝壳类、珊瑚礁等种类。

全球气候变化对海洋有着重大影响，在全球气温升高的背景下，冰川消融、海平面上升、海洋温度升高、海洋酸化等问题接踵而来，影响着人类社会和海洋的可持续发展。海洋渔业、滨海旅游业、航海物流业、海洋化工业等海洋产业的发展将会受到影响，从而影响海洋经济的整体发展。面对气候变化下的海洋发展挑战，需要建立可持续发展的海洋经济发展战略，走海洋经济绿色低碳发展之路。

2.2 海洋经济发展的生态环境效应

我国将海洋视为经济社会发展的重要战略领域，它是孕育新兴产业和引领经济增长的重要空间。海洋在国家经济社会发展中的地位和作用日益凸显[62]。随着建设海洋强国的战略目标的提出和实施，我国的海洋实力不断提升，海洋经济进入高质量发展期，海洋产业的涵盖范围也越来越广泛，海洋经济高速发展随之带来的是海洋环境保护问题。经济发展所引发的海洋过度开发、环境污染等生态环境问题值得关注与探讨。

2.2.1 海洋产业发展情况

据《2022 年中国海洋经济统计公报》显示，我国海洋经济总量达到 94 628 亿元，对比上年依旧保持稳定上升，比上年增长 1.9%，我国 2022 年国内生产总值为 121 万亿元，海洋经济对国民经济增长的贡献率达到了 7.8%，与上年基本持平。海洋第一产业增加值 4 345 亿元，海洋第二产业增加值为 34 565 亿元，海洋第三产业增加值为 55 718 亿元，分别占海洋生产总值的 4.6%、36.5%和 58.9%。海洋渔业全年增加值为 4 343 亿元，比上年增长 3.1%，通过持续推进海洋渔业转型升级，我国的养殖与捕捞结构进一步优化；海洋油气业在全年实现增加值 2 724 亿元，同比增长 7.2%，海洋油、气产量分别比上年增长 6.2%和 10.2%；海洋矿业全年实现增加值 212 亿元，比上年增长 9.8%；海洋化工业全年实现增加值 4 400 亿元，比去年下降 2.8%；海洋生物医药业实现增加值 746 亿元，比上年增长 7.1%；海洋电力业、海洋船舶工业、海洋交通运输业分别比上年增长 20.9%、

9.6%、6.0%；滨海旅游业全年实现增加值 13 109 亿元，比上年下降 10.3%[63]。

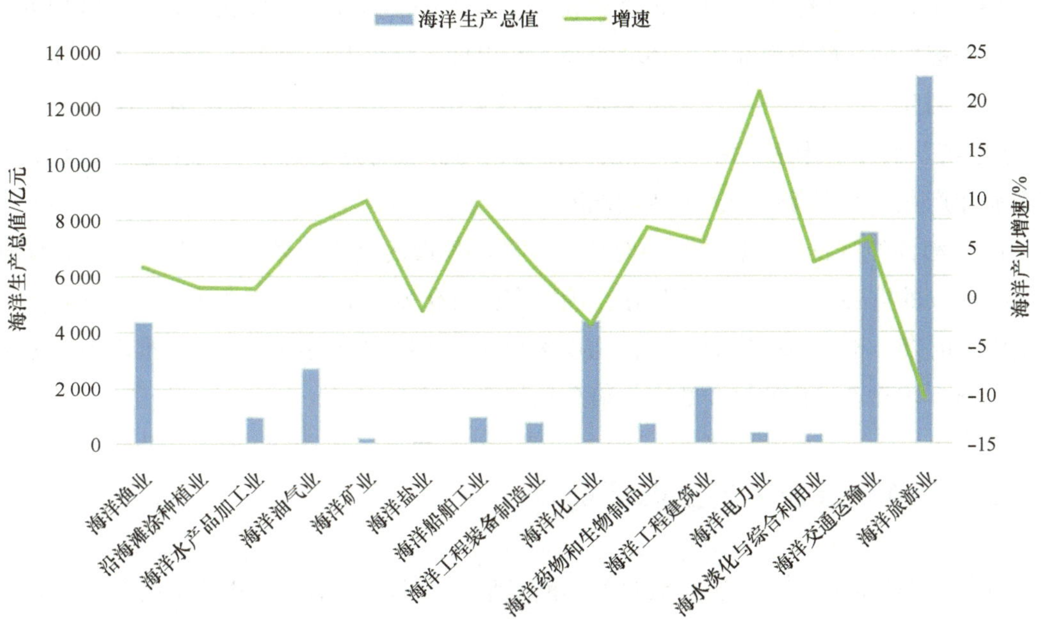

图 2.4　2022 年海洋生产总值与增速

数据来源：《2022 年中国海洋经济统计公报》

20 世纪 60 年代，海洋产业对全球经济总量的贡献率为 1%，如今已经达到了 8%。经济合作和发展组织（OECD）预计，在不发生特殊事件的情况下，到 2030 年，海洋产业将会为全球经济做出更大的贡献，全球经济增加值将达到 3 万亿美元，同时，海洋产业的繁荣发展将会创造出更多的就业岗位，预计到 2030 年将创造 4 000 万个与海洋产业相关的工作职位[64]。

新兴海洋产业高质量发展、海洋产业集群化、海洋经济绿色化发展和海洋经济发展信息化等方向目前是我国海洋经济发展的趋势。

（1）新兴海洋产业高质量发展已经成为我国海洋经济发展的战略重点。海洋新兴产业历经前期的高速发展阶段，正在面临要素驱动发展转向技术驱动发展的新阶段。随着未来政策的推动以及技术领域的不断提升，一方面，海洋产业将会更加向新兴产业倾斜；另一方面，海洋经济的各行业将朝各自产业的高端环节发展，以科技创新来推动海洋产业往高端化方向迈进。

（2）海洋产业集群化是当前海洋产业规划的新思路。海洋产业集群化发展，以产业园为主体的经济发展模式是集群化发展的重要特点，通过将各类海洋产业融合发展，协调沿海地区的海洋经济产业分布，形成一个企业间互补与协同合作的良好生态体系，着重发展各个区域的特色产业，降低产业结构重合化和同质化。

(3) 海洋经济绿色化发展是海洋经济高质量发展的重要指导理念。海洋经济的可持续发展是关键导向，随着海洋生态环境问题不断出现，绿色发展理念正逐渐融入海洋经济发展体系。因此，海洋经济正在平稳过渡，从过去的“蓝色经济”向更为环保和可持续的“绿色经济”转型。未来的海洋产业发展，绿色与低碳将是亘古不变的主题，培养和发展绿色海洋产业，实现海洋经济可持续发展。

(4) 海洋经济发展信息化是新时代海洋经济发展的重要一环。“智慧海洋”是实现海洋强国建设的重要路径，海洋信息化作为国家信息化发展的重要组成部分，正处在大有可为的重要时期。推进新一代的人工智能技术与海洋领域的应用结合，加速推动海洋领域的科技创新，构建现代化的海洋数字化信息化体系。

2.2.2 海洋产业发展的生态环境效应

随着社会经济的发展，人口数量的不断增加，人类生产活动所产生的各类废弃物直接或间接地进入海洋，如石油污染、重金属、农药、有机物、工业污水、生活污水和放射性物质等。这些污染将会给生态环境造成严重影响，如海域水体富营养化、生态环境质量破坏、动植物种群结构失衡等。同时，海岸带生态系统的严重退化也给沿海居民生活和生产造成了很大影响。

鉴于环境污染物和碳排放高度同根同源的特征，习近平总书记多次就推进减污降碳协同增效作出重要指示，强调将实现降低污染和减少碳排放与促进经济社会全面绿色转型紧密结合，作为推动经济发展的总抓手。坚持在降低碳排放、减少污染和实现经济增长之间形成协同推进的策略。近年来，随着海洋经济的高速发展，海洋产业的发展前景也不断向好。海洋产业的发展规模不断增加，在不同海洋产业的生产与发展的过程中，从海洋中获取资源，并向海洋投放各类废弃物，产生了不同的生态环境效应。

2.2.2.1 海洋第一产业的生态环境效应

海洋第一产业对生态环境的影响主要是由于海洋养殖业和海洋捕捞业的不合理开发利用造成的。改革开放后，随着我国水产品市场的全面放开和人民生活水平的快速提升，我国对水产品的需求越来越大，在“以养为主”方针的指引下，我国的水产养殖规模和产量逐年增长。然而，这些年的迅猛发展，在带来巨大的经济效益的同时，也产生了许多生态环境问题。目前，海水养殖的生态负效应主要体现在：养殖产生的残饵和排泄物等进入水体后在海底堆积，经过微生物分解后产生的大量氨氮以及硫化物，会加剧水体的富营养化程度，促进藻类生长，诱发海洋赤潮[65]，这也是甲烷等温室气体的重要来源；养殖过程中使用的药物大部分直接流入海洋水域中，会造成水域环境的短期失衡和长期退化，同时会在生物体内不断积累并通过食物链传播，最终将不可避免地危害到整个生态系统以及人类的健康；海水养殖会改变或者破坏某些生物的特定栖息环境，威胁到物种生存甚至导致物种消亡，引起生物多样性的下降。相比于养殖产业，海洋捕捞的问题主要是过度捕捞所导致的渔业资源结构严重失调以及海底环境破坏。最容易过度捕捞的往往是一些尺寸大、价值高的鱼类，而这将影响鱼类种群之间的关系，导致种群结构发生变化，即便减少捕捞压力，也很难恢复至原始状态。数据显示，自 1970 年以来，全球海洋的鲨鱼和鳐鱼的数量下降 71%，这种变化加剧了此类物种的灭绝风险[66]。因为大型鱼类的生长周期往往会比较长，而过高的捕捞强度又使鱼群在短时间内难以得到补充，这会影响体形大、成熟慢的鱼种数量，出现以小型鱼为主的情况，从而改变种群结构。同时，渔民在使用拖网等方式进行捕捞作业时，会严重破坏海底的生态环境。海草床是海洋生物的重要栖息地、食物和产卵地，作为最有效的碳封存生态系统之一，是海洋重要的蓝色碳汇。而拖网捕捞会使所过之处寸草不生，我国浅海海域大量珍贵的海草床以及海藻森林都毁于这类捕捞作业。

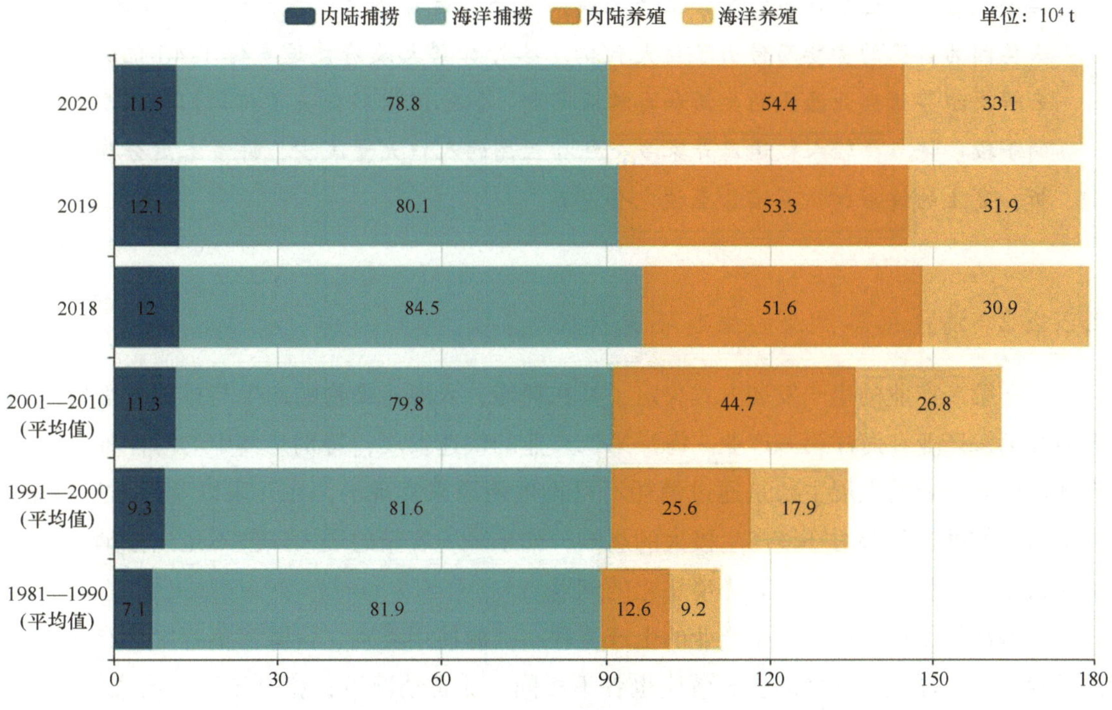

图 2.5　1990—2020 年世界捕捞渔业和水产养殖产量

数据来源：《2022 年世界渔业和水产养殖状况》

案例 2.1

纽芬兰渔场的悲剧——世界渔场的消失

地处加拿大东部的纽芬兰渔场因其丰富的鱼类资源而闻名于世，曾是世界四大渔场之一。但在几个世纪的肆意捕捞之后，特别是在 20 世纪五六十年代，随着大型机械化拖网渔船开始在渔场进行作业，纽芬兰渔场逐渐没落，从 20 世纪 90 年代开始已无法见到其存在。

自 20 世纪五六十年代起，大型机械化拖网船开始集体进入纽芬兰岛海域，这些渔船配备着现代化技术，日夜不停地进行捕捞作业。巨大的渔网掠过海底，捕获了各种鱼群，使它们无一逃脱，尽皆落入网中。海底生态也被破坏殆尽。短短几十年时间，曾有“踩着鳕鱼群的脊背就可上岸”美名的纽芬兰岛海域竟变得无鱼可捕。

面对绝境，加拿大政府在 1992 年被迫发布了纽芬兰渔场的捕鱼禁令。这一禁令使经营了近 500 年的纽芬兰渔业瞬间破产，近 4 万名渔民因此失去了工作。人类因为自己的贪婪而付出了巨大代价。尽管加拿大政府被迫支付了 40 亿加元来解决纽芬兰失业渔民的生活和再就业问题，但他们依然失去了祖辈们赖以生计的手段。许多年轻人被迫离开家乡，纽芬兰岛的人口大量减少，许多家庭分崩离析，岛上的许多村镇萎缩甚至被完全遗弃。

2.2.2.2 海洋第二产业的生态环境效应

海洋第二产业的生产发展方式决定了其在耗能、入海污染物的产生与排放方面要远高于海洋第一产业和海洋第三产业。海洋第二产业的快速发展，特别是其中的海洋油气业和海洋矿业等产业的发展主要是通过消耗不可再生能源来实现的，在开采以及运输过程中，此类污染物的排放会对环境产生极大的影响，如果环境容量的最大阈值不足以抵消污染物的排放量，必将带来海洋生态环境恶化的问题。

在海洋第二产业中，各个产业的生产流程、资源使用类别、资源密集程度等存在较大的差异，对海洋生态环境的生态效应也各不相同。通常情况下，相对于劳动密集型产业、知识密集型产业和资本密集型产业，资源密集型产业的能耗、污染物排放等会更大。海洋第二产业中的海洋油气业、海洋矿业、海洋电力等产业属于资源密集型产业，这些行业通过消耗大量矿产资源和不可再生能源来进行高速发展，作为行业高速发展的代价，产生大量污染物不可避免，这些污染物对环境的污染效应不可小觑，如海洋油气业的开发过程中，各种含油废水、船舶洗舱水的排放、输油管道以及开采的泄漏等。当石油进入海洋之后，会立即发生一系列变化，包括扩散、乳化、微生物降解、沉降等，海上的油膜会影响海洋植物的光合作用，海兽的皮毛在沾染上石油后会失去保温作用，海鸟则将失去飞翔的能力，带有石油味的海产品也将不能食用。海洋生物医药业和海洋工程建筑业属于中等能耗型产业。海洋水产品加工以及海洋船舶工业属于能耗水平较低的产业。目前，在我国的海洋总体产值中，海洋第二产业中的资源密集型产业依旧占据较大的比重，这加剧了海洋生态环境负效应。

案例 2.2

墨西哥湾石油漏油事故——不可逆的重大环境污染

2010 年 4 月 20 日，美国南部路易斯安那州沿海，距离表面 1.6 km 处的燃气喷发导致英国石油公司（BP）所租用的“深水地平线”石油钻井平台爆炸，造成 11 人死亡、17 人受伤，钻井平台沉没后，共有约 500 万桶原油泄入墨西哥湾，造成了石油行业史上最严重的环境灾难。

作为肇事者，BP 损失惨重，最终以 187 亿美元达成了与美国濒临墨西哥湾的 5 个州的和解，然而，纵使是天价赔偿也无法弥补此次石油泄漏带来的损失。事故发生后，墨西哥湾及周边地区的渔业、旅游、能源、航运等多个领域的发展因此而停滞不前。作为美国海产品的重要产地，渔业是墨西哥湾周边地区的支柱产业，漏油事件影响到渔民、批发商、零售商、加工厂等海产品产业链上的每一个环节。同样，作为支柱产业的旅游业也面临重大打击，短期内很难恢复。由于漏油事件，原定经入海口进入密西西比河的货轮行程受到影响，一些船只不得已改道前往其他港口。事件对交通的影响，将间接转化为成本，推高产品价格，使艰难复苏的美国经济承受份额外的价格压力。

人们普遍认为，这次事故是美国目前历史上最严重的原油环境污染事件，其对海洋环境的影响可能是史无前例的。由于泄漏油井在深海，原油收集行动难度较大，加上各方处理水下原油经验不足，救援进展比较缓慢。原油主要成分为碳氢化合物，水溶性极低，更易形成油膜或乳化黏稠物，难以燃烧和清理，处理过程要耗时几年之久。石油进入海洋中，会在海水表面形成一层有一定厚度的膜，油膜阻碍阳光进入海洋，使海洋水温降低，破坏了海洋植物的光合作用，海气交换受阻一定会加剧温室效应。油污带在洋流带动下，向佛罗里达群岛和其他地区移动，威胁佛罗里达群岛邻近海域的珊瑚礁等生态系统，并扩散到野生动植物保护区，导致鸟类、海洋生物和野生动植物大量死亡。石油进入土壤，其含有的有机物将会破坏土壤中微生物的种群结构，大量的湿地受到了严重污染。同时，少量原油滞留水下，消耗水中的氧气，威胁到贝类、蟹、虾等深海生物的生长。

图 2.6　墨西哥湾漏油事件对环境的影响

数据来源：美国国家海洋和大气管理局（NOAA）

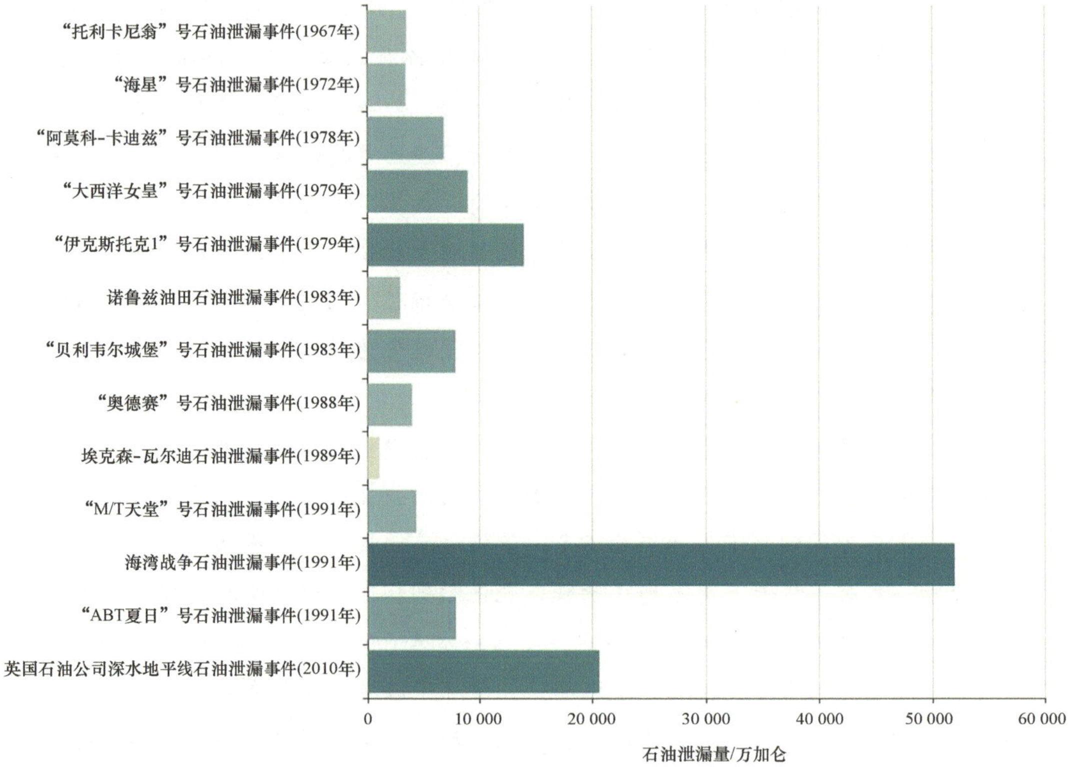

图 2.7　重大海上石油泄漏事件统计

数据来源：美国国家海洋和大气管理局（NOAA）

2.2.2.3 海洋第三产业的生态环境效应

海洋第三产业对海洋生态环境的负效应相对于海洋第一产业和海洋第二产业来说较小，因为海洋第三产业的发展对生态环境的依赖性相对较小。但是其中海洋交通运输业、滨海旅游业的发展依旧会对生态环境质量产生直接的影响。据统计，2012 年，全球海运温室气体排放量（包括国际、国内和渔船排放）为 9.77×10^{8} t，2018 年增长到了 10.76×10^{8} t，增幅约为 9.6%，其中，2012 年的二氧化碳排放量为 9.62×10^{8} t，2018 年增长到了 10.56×10^{8} t，增幅约为 9.3%[67]。如果船只继续使用化石燃料，所带来的污染问题不容小觑。由于滨海旅游业的发展在很大程度上依赖于生态环境的优劣，发展过程中会产生一定的生态环境负效应，这就要求在发展产业的过程中务必要将生态环境保护纳入产业发展中来，实现共同稳定发展。我国的滨海旅游业有着得天独厚的条件和优势，拥有着极大的发展空间与潜力。近年来，滨海旅游业产值逐年增加，同时保持了强劲的增长态势，因此推动滨海旅游业等新兴产业发展，构建绿色生态环境是海洋经济可持续发展的必然要求。

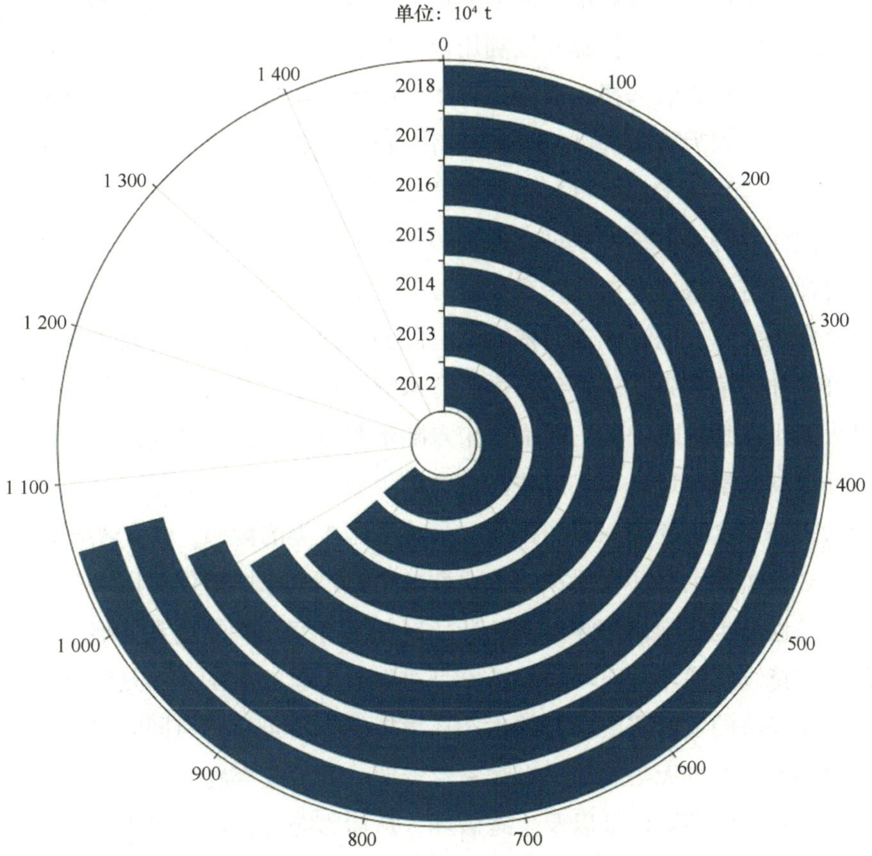

图 2.8 2012—2018 年海运二氧化碳排放量

数据来源：《国际海事组织（IMO）第四次温室气体研究（GHG4）报告》

2.3 海洋经济绿色发展

海洋经济绿色发展是指从根本上协调无限的经济增长和有限的自然资源之间的矛盾，减轻海洋经济发展过程中对海洋自然资源的过度依赖和对生态环境的破坏，从而实现可持续发展的海洋经济发展模式[68]。

2.3.1 海洋经济可持续发展与生态环境保护

地球表面总面积约 5.1×10^8 km^2，其中海洋的面积约 3.6×10^8 km^2，占地球表面总面积的71%，海洋占据着地球上的绝大部分空间，为人类的生活生产发展提供了丰富的自然资源。如今，海洋经济已经成为沿海国家经济的重要组成部分，在距离海岸线不远的地区集中分布着全世界一半以上的大城市，海运完成了70%以上的国际贸易。随着全球人口数量的增长和陆地资源的有限性，资源开发利用由陆地转为海洋已是必然趋势，海洋经济的可持续发展已经成为一种必然选择，而生态环境保护则是实现可持续发展的重要前提。

发展海洋经济可以为国家提供巨大的经济增长潜力和就业机会。联合国数据显示，海洋经济已经成为全球经济增长的重要引擎，贡献了约3%的全球经济总量。尤其是发展中国家和地区，海洋经济可持续发展可以促进国家产业升级和就业增加，改善民生和减少贫困。然而，海洋经济的快速发展也带来了一系列的问题和挑战。首先是资源开发的压力。海洋虽是一个资源宝库，但海洋资源依旧是有限的，快速无节制地开发资源可能导致过度捕捞、过度开发和环境污染，威胁到海洋生态系统的稳定。其次是海洋污染问题。海洋作为地球上最大的生态系统之一，正面临着来自陆地和海洋经济活动所造成的污染，如化工废弃物、石油泄漏和塑料垃圾等。这些污染物不仅会对海洋生物和生态环境产生直接的伤害，还可能会在海洋食物链中积累和传递，最终危害人类的健康。为了实现海洋经济的可持续发展，务必要重视生态环境保护的重要性。生态环境保护不仅可以维护自然生态系统的稳定性和完整性，也是确保海洋经济长期发展和可持续发展的重要基础。

海洋经济可持续发展与生态环境保护不是对立与矛盾的关系，而是辩证统一、相辅相成的关系。海洋经济的发展需要良好的生态环境提供物质条件，但同时海洋环境的承载力有限，如果因为发展经济无限制地向海洋索取资源、排放废弃物，超出了海洋自身的净化能力，就会造成海洋的环境污染以及生态破坏，从而影响海洋经济发展的持久性，制约经济的发展，最终形成恶性循环。海洋经济发展也为生态环境保护提供了经济基础和政策支持，海洋经济的可持续发展理念将环境保护纳入生态文明建设体系中，当海洋环境受到威胁时，良好的经济发展能为环境治理与政府监管提供资金支撑，将一部分本用于经济发展的资金投入到环境监测与保护之中，既可以加大环境保护的力度，又可以在一定程度上调节经济的发展速度，使环境保护与经济发展处于更加协调与平衡的状态之中。

2.3.2 走海洋经济绿色低碳发展之路

我国是一个海洋大国，国家经济的可持续发展与社会的协调发展是以海洋作为基础和保障的。改革开放以来，我国的对外贸易快速发展，国际贸易大都由海上运输完成，使海洋经济的地位逐渐提升，目前已成为国民经济的重要组成部分。但在经济繁荣发展的过程中，我国的海洋生态功能退化、海洋生态环境破坏等问题层出不穷。党的十八届五中全会强调，必须牢固树立并切实贯彻“创新、协调、绿色、开放、共享”五大发展理念，将可持续发展作为未来海洋经济发展的导向。在海洋领域落实绿色低碳发展理念，是推动建设海洋生态文明的必然要求。

绿色发展是指以效率、持续、和谐为目标的经济发展方式。海洋经济绿色发展的前提是海洋经济健康持续增长，包括海洋资源节约利用、海洋产业结构优化、海洋生态系统平衡和海洋环境优化等方面。海洋经济向绿色发展转型，可以减少对自然资源的依赖程度，建立低投入高产出的生产模式，促进新兴产业的发展，推动其他产业的升级发展，为经济发展注入新的活力。在实现经济效益的同时保证海洋生态环境的健康状态，在建立海洋环境长效保护的同时，既能够为海洋经济的可持续发展提供动能，也能为生态安全提供保障。

《中华人民共和国国民经济和社会发展第十四个五年规划和2035年远景目标纲要》强调要“推动经济社会发展全面绿色转型”，在转变海洋经济发展方式的过程中，要深入践行绿色发展理念，推动海洋经济走向绿色低碳发展。在生态文明建设理念的指引下，我国正在为推动海洋绿色经济的发展作出不懈努力。在“双碳”目标的背景下，为了有效发挥海洋的固碳作用，组织开展专项工作，对红树林、盐沼、海草床三大生态系统进行本底和碳汇的调查和评估，努力提高海洋生态系统的碳汇增量。基于海洋自然地理特性，划定生态保护红线，将大部分的珊瑚礁、红树林、海草床、重要物种栖息地等纳入红线，保障生态安全。建立各级各类海洋生态自然保护地，初步形成了以自然保护区和特殊保护区为代表的功能齐全、布局合理的海洋保护区网络，在保护物种多样性方面发挥了重大作用。“十三五”期间，自然资源部组织实施了蓝色海湾整治行动、海岸带修复工程、红树林保护修复专项行动计划以及渤海综合治理攻坚行动等，共整治修复海岸线1 200 km、滨海湿地2.3×10^4 hm^2等，区域海洋生态环境得到了改善。依托于海洋生物技术，阿尔茨海默病药物、精神类药物、抗肿瘤药物的研制取得了重大突破，海洋生物医药技术的发展需要对海洋生物资源进行科学管理和保护。通过研究和开发利用海洋生物资源，可以促进对海洋生态环境的保护和可持续利用，提高海洋经济的生态效益和可持续发展水平。

提出并践行海洋绿色发展理念，是对我们自身发展过程中存在的问题的清醒认知。习近平总书记指出：“生态环境特别是大气、水、土壤污染严重，已成为全面建成小康社会的突出短板。”生态环境质量是小康社会建设是否全面的关键。改革开放以来，我国经济发展迅速，经济增长保持了近10%的增速，远超同期的发达国家。但全面实现小康之后，过去的以资源要素为驱动的经济发展方式已不可持续，发达国家在百年工业化发展过程中历经的环境问题，在我国正以时空压缩式的方式集中显现出来。资源开发不尽合理、环境污染、生态系统破坏等问题十分严峻，已经成为制约经济持续发展的重要障碍。如何在经济发展与环境保护之间找到平衡点，是目前亟待解决的难题。

我国的海洋资源，无论是海岸线长度、海域面积、海洋渔业资源、能源储量等都位于全球前列。但作为一个海洋大国，我国的海洋优势还未能完全发挥出来，我国的海洋资源还未能完全充分转化成经济效益。为了更好地开发海洋资源、发展绿色海洋经济以及解决海洋生态环境问题，应制定实施更加有效的对策措施。具体包括：因地制宜发展海洋经济，推进海洋经济产业结构优化升级；推动海洋产业创新技术研发应用，提高海洋产业核心竞争力；提高全民海洋意识和海洋生态环境保护意识；优化完善海洋生态监测评价体系；增大海洋环境保护力度，建立“生态红线+生态补偿”的多元海洋治理模式。

2.3.3 国际典型案例分析

海洋经济发展与海洋环境保护之间相互关联、相互影响，一旦二者之间的关系不协调，便会导致严重的后果。如何在发展海洋经济的同时，尽量减少对海洋环境的污染；如何在持续利用海洋资源的同时，更好地保护海洋资源，是国际社会共同努力的方向。世界各国纷纷采取一系列政策和措施促进海洋经济绿色低碳发展。

2.3.3.1 美国

美国拥有 983×10^4 km^2 的国土面积、19 924 km 的海岸线和 1 218×10^4 km^2 的领海面积，既濒临太平洋又濒临大西洋，拥有十分丰富的海洋资源。美国是世界上开发利用海洋资源最早的国家，也是世界上开采海洋资源最多的国家。

美国的海洋经济发展与国民经济发展密切相关，第二次世界大战期间，特别是“新经济”时代，美国开始进入经济转型期，在实现经济全面转型的同时，海洋经济也进入了高速发展期。21 世纪后，美国人口进入快速增长期，特别是沿海地区，人口增长的同时带来的是海洋环境的持续恶化，海洋经济高速发展所带来的问题开始逐一显现。在此期间，日本等国家十分注重海洋科技领域的创新，通过数十年的不懈发展，日本在海洋科技领域有了强劲的竞争实力，这不得不让美国开始重新思考其海洋经济的发展现状以及如何应对这些变化。通过审视自己的问题和结合自己的特点，美国颁布了一系列的政策措施，最具代表性的如下。

（1）国家通过颁布环境保护政策，加大环境保护力度。美国国会于 2000 年通过了《海洋法令》，法令中提出了许多新的海洋政策。例如，保护海洋环境、防治海洋污染、最大程度地加强对海洋环境的了解；对海洋资源的开发和使用不能毫无节制，必须要进行可持续的利用；加大科技的创新力度，从而对海洋能源的开发尽可能地可持续化。2020 年，美国签署了两部有关海洋环境保护的法案《数字海岸法》和《拯救我们的海洋 2.0 法案》。根据《数字海岸法》的内容，美国国家海洋和大气管理局负责将海洋数据与海洋决策工具等进行有效结合，以提高沿海地区的海洋管理水平。《拯救我们的海洋 2.0 法案》提出通过设立海洋废弃物基金会和“拯救海洋创新奖”来推动海洋塑料垃圾治理，让整个国际社会认识到塑料垃圾对海洋生态系统的危害性。

（2）加大海洋科技创新能力。得益于强大的科技创新能力，美国海洋经济完成了转型。世界四大湾区中，美国占有两个，分别为旧金山湾区和纽约湾区。旧金山湾区内的硅谷是美国乃至整个世界科技最为发达的地区，基于良好的科技基础与地理条件，美国海洋发展的共识是将其独特的自身特点与经济结构相结合，推崇“科技兴海”。美国在海洋技术领域投入了大量的资金，十分重视科技在海洋领域的应用，发达的海洋科技也让美国在海洋领域一直保持着强劲的竞争力。

（3）重视滨海旅游业发展。旅游业历来是美国发展经济和扩大就业的重要产业。2019 年，有 7 940 万名国际游客到访美国，为当地创造了 2 394 亿美元的收益。而在 2020 年，该行业受到沉重打击。如今，国际旅游业正在有序恢复。为了提高在全球旅游业中的竞争力，美国通过加强与旅游产业链上的相关机构、美国旅游推广局以及私营企业等的沟通，充分利用现有的资源和渠道向国际游客进行宣传。此外，美国还将借助 2026 年美加墨世界杯、2028 年洛杉矶奥运会等大型活动，积极进行旅游推广。

2.3.3.2 韩国

韩国三面环海，是一个典型的半岛国家，拥有 11 542 km 的海岸线，3 253 个岛屿，海洋资源十分丰富。海洋经济作为韩国国民经济的重要支柱，发展水平较高，主要包括海洋渔业、海上运输业、造船业以及滨海旅游业。韩国的渔业资源一直比较充盈，但近年来，由于过量捕捞、气候变化等原因，近海捕捞量呈下滑趋势。釜山港作为世界第三大转运港，也是韩国最大的港口，集装箱吞吐量一直保持世界前列。作为三大造船国之一，韩国的造船业一直保持着领域内的优势。通过与本土文化的结合，韩国的旅游业十分的发达，济州岛作为世界知名的旅游景点，每年都吸引了上千万的游客。韩国政府于 2009 年公布了《绿色增长国家战略及五年计划》，提出海洋发展要以绿色发展为基础，要打造新一代的绿色产业。在《绿色增长国家战略及五年计划》实施之后，也不断颁布了新的政策，主要集中在以下两个方面。

（1）加快推动海洋科技发展，建设智能海运。韩国是海运大国，基本上所有的国际贸易都是通过海运完成。随着科技的发展，将大数据、人工智能和物联网技术融入海洋科技领域，是提升海运效率的重要途径。通过整合大学和企业的优势，搭建了良好的校企合作模式，将技术研发和实际应用进行了有效连接。

（2）减少白色污染，改善海洋生态环境。《减少海洋塑料污染综合对策》是韩国政府于2019年5月推出的提案。计划通过有效的海洋塑料垃圾回收方法，提高整体国民对于海洋环境保护的意识，在2022年将海洋塑料垃圾减少至70%，再过8年，到2030年，将海洋塑料垃圾减少到50%。具体的对策如下：从2021年起，韩国实行押金制度，以此来加强渔民对废浮标和废渔具的回收行为；同时严格限制不合格的渔具流入市场，加大环保浮标的市场份额；利用无人机回收海底等人力难以回收地区的塑料垃圾等。

2.3.3.3 日本

日本四面环海，整个国家环岛而生，从国家建立的早期便开始靠海生存，拥有长久的海洋经济发展历史。日本作为海洋强国，国民经济和社会发展十分依赖海洋经济。2013年4月26日，日本政府内阁会议通过了《海洋基本计划》，该计划旨在引导和指导海洋资源的开发和利用。近期，日本政府还提出了新的《海洋基本计划》，于2023年4月28日生效。此外，在可持续发展海洋经济的过程中，还有许多绿色发展的理念与措施被提出。

（1）优化海洋产业布局，以绿色发展理念引领海洋经济发展。在《海洋基本计划》的基础上，日本提出要加强海洋产业布局的合理性，优化海洋产业结构；设立多个海洋保护区，维护和保障海洋环境；加强海洋科技的研发能力，推动海洋科技在实际产业中的应用；大力培养海洋领域人才，提升国民对海洋的认识与重视；着力发展渔业、油气业、航运业、造船业和滨海旅游业，并将其打造成为支柱型产业。

（2）提出各类海洋政策，支持实现海洋战略目标。日本当前的海洋产业体系比较完善与成熟，但20世纪海洋经济快速发展期间，海洋资源枯竭和环境污染问题同样十分严重。作为一个完全临海的岛国，日本意识到如此发展下去必将不可持续，必须加大环境保护的投入。日本政府通过提出并实施各类科技与人才政策、金融政策与环境保护政策，大幅度提升日本的海洋战略，加速海洋经济的发展。

2.3.4 国内沿海典型案例分析

中国近海总面积约 473×10^4 km^2，主要包括渤海、黄海、东海、南海和台湾岛以东海域。渤海为中国最北的近海，也为中国最浅的半封闭性内海。三面环陆，与辽宁、河北、天津和山东相邻，总面积为 7.7×10^4 km^2，辽东湾、渤海湾和莱州湾等海湾是渤海的主要海湾；黄海海域是中国与朝鲜半岛之间的陆架浅海，濒临辽宁、山东和江苏三省，总面积为 38×10^4 km^2，主要海湾包括胶州湾、海州湾、朝鲜湾和江华湾；东海的总面积为 77×10^4 km^2，主要海湾为杭州湾、象山湾、三门湾和乐清湾等，是中国陆架最宽的边缘海域；南海总面积为 350×10^4 km^2，是中国近海中面积最大、深度最大的海域。不同海域自然资源和基础条件不一样，海洋经济绿色发展战略和重心也不同。

2.3.4.1 渤海海域

渤海海岸线全长约 3 800 km，三面环陆，北、西、南三面分别与辽宁省、河北省、天津市和山东省相邻。渤海地处北温带，夏季气温凉爽宜人，冬季并无严寒，致使此海域深海鱼类种类以及数量都十分丰富，也是良好的滨海旅游胜地。渤海海域各省市在海洋经济发展上各有侧重，但都致力于推动海洋产业的发展和海洋资源的合理利用，以实现经济增长和可持续发展。辽宁省拥有大连港、营口港等重要港口，是中国北方对外贸易的重要通道。不仅如此，辽宁省还拥有辽东湾、海洋岛两大传统渔场，渔业资源十分丰富。河北省拥有丰富的海洋旅游资源，依托优越的自然海洋生态环境，秦皇岛市的文化旅游产业已成为河北省的最为重要的海洋绿色产业之一。依托天津市先进制造业的基础，天津市正在着力推动海洋科技创新、发展海洋产业综合示范区和海洋工程建设，包括港口建设和海洋大桥建设等。

辽宁省毗邻渤海和黄海，拥有丰富的海洋资源，位于丝绸之路经济带和 21 世纪海上丝绸之路的核心区域。“十四五”期间，围绕海洋强省建设，“蓝色引擎”和“蓝色粮仓”是辽宁省努力打造的特色产业。2020 年，辽宁加大海洋生态红线保护力度，已将占据了 12 717.7 km^2 的海洋生态功能区和长达 720.7 km 的大陆自然岸线纳入海洋生态保护红线范围，进行严格的管理和管控。据 2020 年数据，辽宁省近岸海域的水质优良比例达到 92.3%。滨海湿地旅游业也是辽宁的特色海洋生态经济产业。根据《辽宁省“十四五”生态经济发展规划》，辽宁省计划在“十四五”期间建设多个优质的海洋生物资源养护区，培育大量的海洋优质养护品种。

不同于辽宁省的产业发展定位，天津市根据自身科教人才的优势建立了具有天津特色的产业布局，为海洋经济高质量发展打牢了坚实基础。“十三五”期间，通过大力实施海洋环境保护政策，天津的近岸海域水质得到了有效治理，大量的废水被处理，水质得到了明显改善，优良水质面积平均占比提升到了 51.1%。依托于海洋人才与科技创新优势，结合完善的工业化基础，天津正在大力建设沿海蓝色产业发展带。南港工业区、天津港保税区临港片区、天津港港区、滨海高新区海洋科技园、中新天津生态城五大海洋产业集聚区发展水平不断提升，通过海洋集群化发展实现各海洋产业之间的优势互补。在海洋科学研究方面，天津建立了完善的海洋观测网络，进行海洋环境监测和气象预报，为海洋绿色发展提供了科学依据。同时，天津十分重视海洋科技创新，支持海洋科研机构与企业加强合作，深入开展海洋科学研究，推动科技创新成果转化与应用。

2.3.4.2 黄海海域

黄海濒临辽宁、山东、江苏三省，寒流与暖流在此交汇，因此黄海海域水产丰富，由于黄海海域沿岸地势平坦，十分适宜晒盐，此海域是我国重要的盐产地。江苏省海洋经济发展颇具特色，江苏省正在大力发展海洋清洁能源，推动海上风电的开发利用，通过建设海洋风电场、潮汐能发电项目等，降低对传统能源的依赖，推动能源结构的绿色转型。江苏省的海上风电累计装机容量和年发电量均居全国前列。

江苏具有丰富的海洋风能资源，近年来江苏省因地制宜，大力发展海洋风电领域，取得了亮眼的成绩。得益于南通、连云港等城市海上风电的快速发展，风电项目规模逐年扩大，风电装机容量不断提升，2020 年，江苏省海洋电力业同比上年增长 22%。在风电科技创新上，江苏省进行了不断创新和研发，采用了国内外先进的风机技术和风电设备运维管理技术，提高了风电设备的效率和可靠性。同时，江苏省积极推动海洋风电配套设施的建设，包括风电维护基地、风电离岸调度中心、海缆制造厂等。这些设施的建设能够提高海洋风电的运维能力和配套服务水平。海洋风电的发展带动了相关产业链的发展，如风机制造、维护、安装等，同时也吸引了大量的投资和人才流入，促进了经济的发展，有效推动了江苏省的绿色低碳能源转型，减少了对传统能源的依赖，降低了碳排放，促进了绿色可持续发展。

2.3.4.3 东海海域

东海面积广阔，具有海底平坦、水质优良等特点，是鱼类繁殖的良好场所，东海海域拥有许多大型渔场。上海东濒东海，交通便利，地理位置优越，是良好的江海港口，具有发达的港口资源和滩涂资源等海洋自然资源。同时依托上海教育优势以及工业基础，未来的海洋开发潜力巨大。浙江省拥有较长的海岸线和丰富的海洋资源，宁波舟山港作为中国重要的港口，是浙江省对外贸易的核心。福建省的海洋资源得天独厚，渔业、港口、海洋景色、海洋油气以及海洋能源是福建省的特色海洋产业。远洋渔业综合实力不俗，水产品出口连续多年居全国第一位。海域蕴藏大量的矿产资源，油气资源丰富，各类岛屿风光秀丽，极具闽南特色，气候宜人，每年吸引了国内外的大量游客。

上海市拥有优越的地理位置和丰富的海洋资源，以金融服务和商贸中心为核心，大力发展了航运物流、海洋金融、海洋产业园区等海洋经济领域。近年来，上海市将滨海旅游业、海洋交通运输业、海洋船舶工业等传统产业作为海洋经济发展的主导力量，同时大力发展海洋战略性新兴产业，如海洋生物医药业、海洋工程装备制造等，建立了多产业协同发展的海洋产业体系，形成“两核三带多点”的海洋产业空间布局。浦东新区设立了海洋科技创新园区，集聚了一批优秀的科技企业和科研机构，培育和集成海洋科技创新资源，园区提供创业孵化、技术研发、资金支持等一系列服务，加快了海洋医药产品的研发、生产和商业化进程。将长江三角洲发达的经济优势、科创优势和政策优势相结合，鼓励海洋企业打造科创平台，推动海洋科技在海洋实际应用上的落地。

福建省位于东海沿岸，拥有丰富的海洋资源和海洋文化。为了推动地区旅游业发展，展示福建丰富的水乡特色和清新的自然环境，福建省推出了“水乡渔村”“清新福建”两个重要品牌。通过加大对水乡和渔村的保护力度，修复历史建筑和文化遗产，丰富旅游产品和体验；加强海洋环境保护，治理海洋污染，保护海洋生态资源；支持和鼓励旅游企业开展生态旅游和低碳旅游，加强对游客的环境保护教育；构建旅游基础设施，提升旅游服务能力等，福建省的“水乡渔村”“清新福建”进一步提升了当地旅游业的吸引力和竞争力，推动了福建省旅游业的可持续发展。基于福建特殊的地理位置，自古以来便拥有十分浓厚的海洋文化。泉州作为古代海上丝绸之路的起点，从古至今已有上千年的海外交通史，如今的泉州更是福建省海洋经济发展的核心区域所在，海运、旅游等新兴产业正在这座古城上书写着新时代的海洋篇章。在“十三五”期间，福建省的海洋经济总量持续增长。2018 年，福建省的海洋生产总值首次突破了万亿元，2019 年达到了 1.2 万亿元，占到全省 GDP 的 28.4%，位列全国第三。除此之外，福建省还率先推广了台风气象指数险、海水养殖赤潮指数险等各类海洋相关保险，尝试了一条指数型农业保险的福建探索道路，有效保障渔民的各类收益与福利。

2.3.4.4 南海海域

南海拥有丰富的各类矿产资源、滨海旅游资源、生物资源以及港口航运资源等，由于南海诸岛地处热带，具有热带海洋和陆地生态系统，珊瑚礁、红树林、海草床等热带生态系统广泛分布在南海地区。广东省涉海高新技术企业以及有效专利不断增长，海洋科技创新能力大幅度提升。广西壮族自治区近海海域水质优良，环境优美，同时，分布着大量珍贵的滨海湿地-红树林生态系统。海南省全年长夏无冬，雨量充沛，是我国热带水果的重要产地，传统渔业持续稳定发展，依托自由贸易港建设机遇，正在加大培育海洋新兴产业，打造国际滨海旅游城市。台湾岛的面积虽不大，但岛内却拥有丰富的地形地貌，得天独厚的海岛风光和独具特色的闽南文化，为台湾地区打造文化旅游产业奠定了基础。

广东省2020年海洋生产总值17 200亿元，占全国海洋生产总值约20%，一直稳居全国首位。2020年，海洋三大产业比例为2.8：26.0：71.2，形成了重点发展优势产业，同时各产业均衡发展的现代海洋产业体系。在传统产业加速转型升级的同时大力扶持新兴产业的发展。海洋电子信息、海上风电、海洋生物、海洋工程装备、天然气水合物、海洋公共服务六大海洋产业蓬勃发展，成为推动全省海洋经济发展的新动能。深圳积极构建海洋医药研发平台，这些平台提供了先进的研发设施和技术支持，吸引了众多的科研团队和专家参与海洋医药领域的研发工作。为了推动海洋医药产业化发展，深圳致力于将海洋医药研发成果转化为实际应用，推动海洋医药产业化发展。通过与企业合作，在深圳和周边地区建设海洋医药产业园区，提供生产和加工的基础设施和支持，加快海洋医药产品的上市和推广，仅坪山区目前就存在600余家生物医药企业。

广西壮族自治区拥有丰富的海洋资源和良好的海洋生态环境，近年来在海洋经济发展方面积极采取低碳措施，并取得了诸多成效。在海洋新能源方面，广西正在积极开发海洋风能和潮汐能等新能源，建设了大量风电场和潮汐发电装置，这些清洁能源不仅可以满足自身的能源需求，还可以降低对传统化石能源的依赖，由此减少碳排放。在海洋交通运输方面，广西积极推动绿色航运，通过引进绿色船舶和推广低碳港口设施，降低了海洋交通行业的碳排放，同时对航道进行规划优化，提高了航运效率，减少了能源消耗。在海洋旅游方面，广西倡导和发展生态旅游，通过保护海洋生态环境、开发生态旅游资源，推动旅游业转型升级，在开发和管理海洋旅游项目时，注重环境保护、节能减排，致力于打造低碳、绿色、可持续的旅游模式。在海洋环境保护方面，广西作为全国红树林的重要分布区域，先后颁布了各类红树林相关保护条例与保护措施，使红树林的保护和管理逐步走向规范化和法治化。

海南省传统海洋产业保持稳定发展，邮轮、游艇等旅游业态快速发展。海南的滨海旅游业十分发达，立足本土特色开发高端旅游项目，通过国际合作共建以海洋为主题的大型文旅综合体。海南正在构建以三亚为核心的高端滨海旅游业。围绕本土传统文化，将购物、养生、娱乐、运动等消费产业进行融合，由传统的滨海观光向休闲度假转型。在海洋渔业转型升级方面，海南注重科技创新和绿色发展，推动现代化、高效、节能的海洋渔业和养殖业发展，使用先进的养殖技术和设备，减少资源和能源消耗，降低渔业活动对海洋环境的负效应。作为传统海洋产业的海洋渔业在海南有了新的发展模式，深海智能养殖渔场和渔港经济区等以渔业为基础的新型发展业态为海南的渔业经济发展注入了新的活力。

台湾地区于2018年成立海洋事务委员会（OAC），整合海洋相关政策的规划、协调和实施。海洋事务委员会成立后不久，就制定了《海洋基本法》和《海洋政策白皮书》，作为海洋开发的指导方针。此外，即将出台的《海洋产业发展法》将从法律角度提供发展指引，并为台湾地区海洋经济的发展铺平道路。在海洋可再生能源方面，台湾地区预计到2025年海上风电将达到5.7 GW，这也有助于促进相关产业链的发展。台湾地区也会将更多的资源用于最前沿的海洋可再生能源的研究，如洋流能和波浪能。台湾地区“向海致敬”政策为海上旅游休闲产业创造了更好的发展条件。政府制定了对海洋友好的政策，以吸引公众，并帮助海洋旅游业创收，同时也考虑了这些政策对环境的影响，以实现其可持续发展的目标。海洋废弃物的回收利用也是全球蓝色经济的热门话题，台湾地区在处理海洋废弃物方面作出了整体努力。例如，利用卫星和内置人工智能的无人机，对海洋废弃物进行监测和调查等。台湾地区政府也鼓励私人船东和潜水爱好者协助收集海洋垃圾，并呼吁企业成立海洋废弃物回收联盟，以促进回收海洋废弃物和创新改进商业模式。

3 浙江省海洋经济发展概况

党领导下的中国海洋事业是整个中国向前发展壮大的缩影，整个海洋事业的发展经历了中华人民共和国刚成立的发展时期，到改革开放的壮大时期，向海图强，我国的海洋经济规模从小变大，综合实力由弱变强。近年来，海洋交通运输业、海洋渔业等传统产业稳步提升，我国海运船队运力规模达3.5亿载重吨，居世界第二位，水运基础设施规模居世界第一，2021年海洋养殖产量2 211.14×10^4 t，海洋捕捞产量951.46×10^4 t，水产品总产量位居世界第一。海洋新兴产业不断壮大，海水淡化工程及海洋风电工程得到长足发展。三大海洋经济圈及海洋经济的快速发展不仅为国家经济增长注入了强劲的动力，更成为提高人民生活质量、全面建成小康社会建设、实现共同富裕的重要一环。

中华人民共和国成立后，浙江省凭借得天独厚的自然条件，成为当之无愧的海洋大省，渔业产量常年位居全国第一。改革开放以来，浙江省进一步发挥山海优势，大力发展海洋经济，传统渔业转向现代渔业，产业结构不断优化，在保持海洋养殖业与海洋捕捞业的传统产业的优势下，区域海洋第二、第三产业迅速崛起，海洋服务业不断发展，进一步促进了海洋经济的向前发展。从21世纪一步步走来，浙江省由海洋大省迈向海洋强省，兼具海洋经济发展与海洋生态保护，积极探索海洋资源保护新模式。除此之外，浙江省深入实施“科技兴海”战略，大力推动海洋科技创新，推动海洋经济高质量发展。

3.1 海洋经济发展历程

3.1.1 中国海洋经济发展历程

3.1.1.1 社会主义革命和建设时期

中华人民共和国成立初期，我国提出“海防为我国今后主要的国防前线”“建设一支强大的海军”等战略方针，逐步建立海洋管理机构，组织开展海洋科学研究、兴办海洋教育，恢复和发展海洋渔业、盐业、海洋交通运输业等生产经营活动。

1956 年，我国开始开展海洋资源综合调查研究。此后，历时 3 年多，我国投入超过 2 000 名海洋调查人员，对我国大部分近海区域开展了一次系统性的海洋综合调查工作，为我国海洋事业发展收集了第一批近海数据资料。

1964 年 7 月，经党中央、全国人大常委会批准，国务院下设国家海洋局，国家海洋局挂牌成立。自此，我国海洋观测预报步入常态化运行，国家海洋调查船队日渐壮大，海洋仪器设备逐步开展自主研制，以海区为空间划分，以各海洋业务中心、涉海研究院所为主要技术力量，联通省、市、县三级海洋管理部门的海洋业务体系逐步形成，我国海洋管理工作进入有序发展阶段。

这一时期，我国海洋管理、开发活动主要从军事、政治层面考虑，对经济活动考虑较少，经营海洋的意识较为淡薄。海洋经济活动主要以海洋渔业、海洋运输业等传统产业为主，产业结构较为单一，活动区域主要是近海、近岸区域。同时在“以粮为纲”思想的主导下，海洋捕捞活动发展方式粗放，导致近岸海洋渔业资源遭到过度捕捞，海洋渔业生产缺乏系统、科学的管理。海洋运输业规模较小，运输船舶主要依靠国外船舶，自主设计、生产的大型海运船舶较少。

3. 1. 1. 2　改革开放和社会主义现代化建设新时期

1. 改革开放和社会主义现代化建设新时期海洋经济发展主要政策

随着我国改革开放工作的深入推进，国家工作中心转向经济建设。深圳、珠海、汕头和厦门 4 个经济特区和 14 个沿海城市先后开放，“实施海洋开发”“发展海洋产业”等成为海洋事业的重大战略。我国海洋事业发展的重心转向以海洋促进国民经济发展，为社会发展提供有效资源保障，解决经济发展问题的道路上来。

强化海洋资源本底调查，开展远洋科考。1980 年 3 月，我国组织开展了全国海岸带和海涂资源综合调查、全国海岛资源综合调查。为全面、系统了解我国近海资源状况，2004 年启动中华人民共和国成立以来最大规模的近海海洋综合调查，取得丰硕的调查成果。

加强海洋事业发展顶层规划设计。2012 年制定《全国海洋经济发展“十二五”规划》，《全国海洋开发规划》和《中国海洋事业的发展》白皮书等文件陆续发布，发展海洋事业成为国家重点战略。

健全法律法规，确保海洋事业健康有序发展。1983 年，《中华人民共和国海洋环境保护法》正式实施。同年，启动海洋行政执法巡航工作，构建海洋执法监察体系。1984 年，我国建立海洋环境监测网。2002 年，《中华人民共和国海域使用管理法》正式实施，成为我国海洋管理法治化的关键节点，进一步明确了海域权属管理、海洋功能区划、海域有偿使用等重要海洋管理规范，有力地推动了我国海洋事业持续健康发展。2010 年，《中华人民共和国海岛保护法》实施，进一步填补了我国海岛管理法治空白，使海岛保护、利用与开发工作更加科学、规范。

1978—2002 年，海洋经济发展进入探索发展阶段。改革开放推动了各个海洋经济的孕育、发展、壮大，使得我国海洋产业门类从以海洋传统产业为主转向以海洋传统产业为主、海洋新兴产业快速发展的阶段，产业门类更为齐全。海洋渔业、海洋交通运输业等传统产业加速发展，海洋生物医药、海水利用、海洋工程建筑、海洋电力、海水利用等海洋新兴产业开始崭露头角。

2003—2011 年，我国海洋经济进入快速发展阶段。这一时期我国的海洋经济规模逐年扩大，海洋产业体系逐步完善。2008 年，全国首个海洋领域的总体规划《国家海洋事业发展规划纲要》发布，先后批准了山东半岛蓝色经济区、浙江海洋经济发展示范区、广东海洋经济综合试验区和福建海峡蓝色经济试验区等试点地区发展海洋经济。此后，各沿海省份也相继出台了本地区的海洋经济发展规划。2010 年，《中共中央关于制定国民经济和社会发展第十二个五年规划的建议》，明确提出要“发展海洋经济”，并对“十二五 ”期间中国海洋事业的发展作出了全面的战略部署。

2010 年起，全国海洋经济发展试点工作全面推开，山东、浙江、广东、福建、天津先后获准开展试点工作。2011 年 1 月，山东半岛蓝色经济区建设规划获批，同年 6 月浙江舟山群岛新区设立。这体现出我国经济发展战略从陆地向海洋延伸、推进海陆协同、陆海一体发展、国民经济向海发展的重大战略举措。

2. 改革开放和社会主义现代化建设新时期海洋经济发展主要成效

自 1980 年以来，我国沿海省（区、市）在社会经济较快发展的背景下，对海洋及相关产业的开发投入力度逐年增加，为海洋产业稳定、快速、持续发展奠定了坚实基础。

“九五”期间，我国 11 个沿海省（区、市）的主要海洋产业总产值累计达到 1.7 万亿元，比“八五”时期翻了一番半，年均增速超过 16%，有力地拉动了同期国民经济增长。公开统计数据显示，2000 年我国主要海洋产业增加值达到 2 297.04 亿元，占全国国内 GDP 的比重为 2.6%，占沿海 11 个省（区、市）GDP 比重为 4.2%。

“十五”期间，我国 11 个沿海省（区、市）主要海洋产业总产值累计超过 5.7 万亿元，按同口径计算，较“九五”期间翻了一番。2003 年我国海洋产业总产值首次突破 1 万亿元，2005 年达 18 246.17 亿元，海洋产业增加值占国民经济的比重较“九五”期间提高 1.4 个百分点，达到 4.0%。

“十一五”期间，我国海洋经济年均增长 13.5%，继续高于同期国民经济发展的增速，海洋经济占国民经济比重提升到 9%以上。其中，2010 年，海洋生产总值达 3.96 万亿元，较“十五”期末规模增加了 1.24 倍；海洋生产总值占国内 GDP 和 11 个沿海省（区、市）GDP 比重分别为 9.61%和 16.1%，较上一个五年分别提高了 0.18 个和 0.8 个百分点；

涉海就业人员 3 350 万人，海洋经济已经成为国民经济发展的重要组成部分，对社会经济发展的贡献度越来越高。

表 3.1　2001—2010 年全国海洋生产总值①

年份	海洋生产总值/亿元				海洋生产总值占国内生产总值比重/%	海洋生产总值增长速度（可比价计算）/%
	合计	第一产业	第二产业	第三产业		
2001	9 518.4	646.3	4 152.1	4 720.1	8.59	—
2002	11 270.5	730.0	4 866.2	5 674.3	9.26	19.8
2003	11 952.3	766.2	5 367.6	5 818.5	8.70	4.2
2004	14 662.0	851.0	6 662.8	7 148.2	9.06	16.9
2005	17 655.6	1 008.9	8 046.9	8 599.8	9.43	16.3
2006	21 592.4	1 228.8	10 217.8	10 145.7	9.84	18.0
2007	25 618.7	1 395.4	12 011.0	12 212.3	9.49	14.8
2008	29 718.0	1 694.3	13 735.3	14 288.4	9.31	9.9
2009	32 161.9	1 857.7	14 926.5	15 377.6	9.23	8.8
2010	39 619.2	2 008.0	18 919.6	18 691.6	9.61	15.3

2006—2010 年，我国以海洋高技术为支撑的海洋新兴产业快速发展，年均增速超过 20%。2010 年，海水利用业增加值近 9 亿元，是“十五”期末的 2 倍以上。海洋可再生能源业增加值近 40 亿元，是“十五”期末的 8 倍以上。沿海港口千吨级以上泊位通过能力超过 55×10^8 t，深水泊位 1 774 个，较“十五”期末分别新增 30×10^8 t 和 661 个，货物吞吐量连续 7 年保持世界第一。海洋油气产量超过 $5\ 000\times10^4$ t 油当量。海洋船舶制造业三大造船指标，造船完工量、手持订单量、新承接订单量均居世界第一。海水工厂化养殖和远洋渔业捕捞能力显著增强，海洋水产品加工和出口能力不断提高。

3.1.1.3　中国特色社会主义新时代

1. 中国特色社会主义新时代海洋经济发展主要政策

2011 年 3 月，全国人民代表大会通过了《中华人民共和国国民经济和社会发展第十

① 数据来源：《中国海洋经济统计年鉴 2020》。

二个五年规划纲要》。文件提出“坚持陆海统筹制定和实施海洋发展战略，提高海洋开发、控制、综合管理能力”“积极发展海洋油气、海洋运输、海洋渔业、滨海旅游等产业，培育壮大海洋生物医药、海水综合利用、海洋工程装备制造等新兴产业”。从海洋经济与陆域经济协同发展、实施海洋发展战略，重点发展海洋战略性新兴产业，提升海洋开发与管理能力水平的角度明确未来一段时间，我国海洋经济事业发展的目标。发展海洋经济成为我国国民经济社会发展全局工作的重要组成部分。

2012 年 11 月，党的十八大报告提出“提高海洋资源开发能力，发展海洋经济，保护海洋生态环境，坚决维护国家海洋权益，建设海洋强国”，大力发展海洋经济，建设海洋强国成为国家重大发展战略。2015 年 10 月，党的十八届五中全会通过了《中共中央关于制定国民经济和社会发展第十三个五年规划的建议》，进一步提出“坚持陆海统筹，壮大海洋经济，科学开发海洋资源，保护海洋生态环境，维护我国海洋权益，建设海洋强国成为全面建成小康社会决胜阶段发展海洋经济的基本纲领和沿海地区制定发展海洋经济政策的基本遵循”，进一步明确未来发展空间上要向海发展、向海图强。2017 年 5 月，《全国海洋经济发展“十三五”规划》发布，提出“坚持创新、协调、绿色、开放、共享的新发展理念，树立海洋经济全球布局观，主动适应并引领海洋经济发展新常态，加快供给侧结构性改革”。具体举措包括要以海洋科技创新为驱动力，提升沿海地区海洋产业空间布局，构建现代化产业体系；科学统筹海洋开发与保护，加强海洋环境治理，深入推进海洋生态文明建设，提升海洋环境质量；积极对外开放与交流，拓展蓝色经济发展空间，推动我国海洋经济发展由追求发展速度规模型向发展质量效益型转变。

2014 年 6 月，青岛西海岸经济新区被批准设立，2018 年，国务院批准山东威海海洋经济发展示范区、山东日照海洋经济发展示范区、江苏连云港海洋经济发展示范区、江苏盐城海洋经济发展示范区、浙江宁波海洋经济发展示范区、浙江温州海洋经济发展示范区、福建福州海洋经济发展示范区、福建厦门海洋经济发展示范区、广东深圳海洋经济发展示范区、广西北海海洋经济发展示范区等 14 个海洋经济发展示范区建设，推动海洋经济发展的重要增长极和建设海洋强国的重要功能平台。

2017 年，以“蓝色经济 生态海岛”为主题的中国–小岛屿国家海洋部长圆桌会议在福建平潭召开，提出《平潭宣言》。2019 年 4 月，构建海洋命运共同体理念首次提出，我国已与欧盟、葡萄牙、塞舌尔等国家和地区签订“蓝色伙伴关系”，签署政府间文件，海洋命运共同体理念深入人心。2019 年 10 月，首届中国海洋经济博览会在深圳举行，中国—东盟蓝色经济伙伴关系对话会在湛江召开。

这一时期，我国海洋经济形成了以“科学管海”为原则，以“陆海统筹”为发展路径，以“生态护海”为开发准则的综合发展模式。

表 3.2 “十三五”海洋经济发展目标

指标名称		2015	2020	指标属性
综合实力	海洋生产总值年均增长/%	8.1	7	预期性
	海洋生产总值占国内生产总值的比重/%	9.4	9.5	预期性
科技创新	海洋研究与试验发展经费投入强度/%	2	>2.5	指导性
	海洋科技成果转化率/%	>50	>55	预期性
产业结构	海洋新兴产业增加值年均增速/%	19.8	(>20)	预期性
	海洋服务业增加值占海洋生产总值比重/%	52	>55	预期性
社会民生	新增涉海就业人员数/万人	[239]	[250]	预期性
	海洋科普与教育基地/个	[206]	[400]	指导性
资源环境	近岸海域水质优良（一、二类）比例/%	68	70	约束性
	大陆自然岸线保有率/%	—	>35	约束性

注：[ ] 内为 5 年累计数，( ) 内为 5 年平均数。

2. 中国特色社会主义新时代海洋经济发展主要成效

从海洋产业发展水平来看，全国及部分地区的海洋产业增加值呈整体上升趋势，从海洋三次产业结构看来，第一产业比重下降，第三产业比重上升，海洋产业结构不断改善，海洋产业呈现“三、二、一”产业格局。

2012—2019 年，我国海洋经济继续保持总体平稳的发展趋势，海洋生产总值年均增长 8.1%，拉动国民经济增长作用进一步凸显。2019 年海洋经济总量 8.9 万亿元，比 2012 年增长了 68.01%，海洋生产总值占国内生产总值比重达 8.54%。

表 3.3 2012—2019 年全国海洋生产总值①

年份	海洋生产总值/亿元				海洋生产总值占国内生产总值比重/%	海洋生产总值增长速度（可比价计算）/%
	合计	第一产业	第二产业	第三产业		
2012	50 172.9	2670.6	23 450.2	24 052.1	9.32	8.1
2013	54 718.3	3 037.7	24 608.9	27 071.7	9.23	7.8

① 数据来源：《中国海洋经济统计年鉴 2020》。

续表

年份	海洋生产总值/亿元				海洋生产总值占国内生产总值比重/%	海洋生产总值增长速度（可比价计算）/%
	合计	第一产业	第二产业	第三产业		
2014	60 699.1	3 109.5	26 660.0	30 929.6	9.43	7.9
2015	65 534.4	3 327.7	27 671.9	34 534.8	9.51	7.0
2016	69 693.7	3 570.9	27 666.6	38 456.2	9.34	6.7
2017	76 749.0	3 628.1	28 951.9	44 169.0	9.22	6.9
2018	78 077.8	3 842.7	26 854.0	47 381.1	8.49	—
2019	84 292.1	3 818.5	28 074.1	52 399.5	8.54	6.4

海洋产业结构调整出现积极变化，海洋经济三次产业结构由2012年的5.3∶46.7∶47.9，调整为2019年的4.5∶33.3∶62.2。传统海洋产业转型升级进一步加快，海洋油气勘探开发进一步向深远海拓展，海水养殖比重进一步提高，高端船舶和特种船舶完工量有所增加。新兴战略海洋产业、海洋服务业继续保持2位数增长，年均增速分别为19%和15.4%。

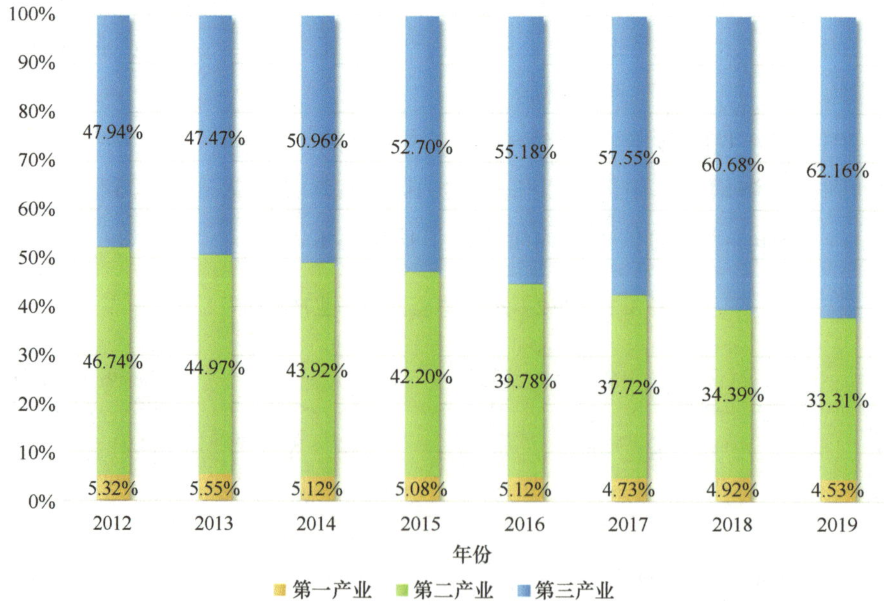

图3.1　2012—2019年全国海洋生产总值构成变化

山东、浙江、广东、福建、天津等全国海洋经济发展试点地区工作取得显著成效，海洋经济辐射带动能力进一步增强。2019 年环渤海经济区海洋生产总值约 26 360 亿元，同比上年名义增长 8.1%，约占全国海洋生产总值的 29.5%；长三角经济区海洋生产总值 26 570 亿元，比上年名义增长 8.6%，约占全国海洋生产总值的 29.7%；珠三角经济区海洋生产总值约 21 059 亿元，约占全国海洋生产总值的 23.6%。

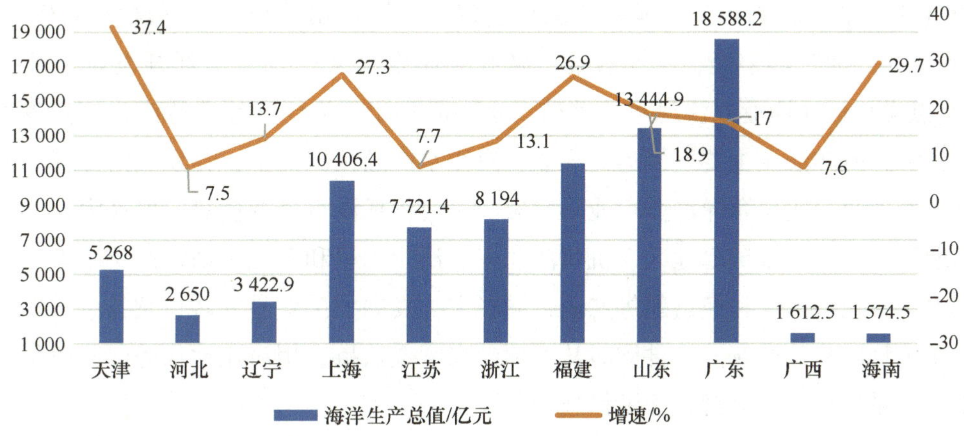

图 3.2　2019 年沿海地区海洋生产总值及增速①

3.1.2　浙江省海洋经济发展历程

3.1.2.1　海洋经济大省建设发展期（1993—2002 年）

1993 年，浙江省召开第一次浙江省海洋经济工作会议，提出“开发蓝色国土”，要加快重点海岛的基础设施建设，重视海洋科研工作，提高科技兴海能力，积极发展对外贸易，发展对台小额贸易，进一步扩大海岛地区的经济管理权限等政策措施。同年 12 月，中共浙江省第九次党代会报告指出：“坚持以开放促开发，统筹规划，分步实施，利用区位和资源优势，港、渔、工、贸、游相互促进，重点发展港口海运业、海洋水产业、临海型工业、海岛旅游业以及内外贸易。同时，有重点地积极扶持新兴海洋产业，特别是海洋高新技术产业的发展，组织新的海洋产业优势。”

1994 年出台了《浙江省海洋开发规划纲要（1993—2010 年）》，指出要“开发海洋，浙江既有着良好的开发条件，又面临着十分难得的机遇。本世纪末下世纪初，是浙江发展海洋经济的重要时期”。为此，浙江省的海洋发展事业重点做好五个方面的工作：一是抓

① 数据来源：《中国海洋经济统计年鉴 2020》。

好以深水港为重点的港口群体建设；二是进一步扩大沿海地区对外开放，提高开放层次，大力发展开放型经济；三是强化对海洋自然资源和空间资源的开发，促进海洋产业发展；四是加快海岛基础设施建设，改善投资环境和生活环境；五是加强海洋国土整治，确保在海洋经济发展的同时，海洋生态环境得到较好保护。海洋经济发展的总目标是：建设“海洋经济大省”。

1998 年，第二次浙江省海洋经济工作会议召开，提出建设“海洋经济大省”，念好“港、渔、景、油”四字经，浙江省委、省政府印发《关于加快海洋开发若干政策的通知》，重点支持远洋渔业、浅海滩涂养殖、水产品加工、海洋运输业等海洋产业发展。根据文件要求，海洋渔业主要发展远洋渔业、海洋水产品精深加工，在发展海洋捕捞的同时发展海洋养殖业，实现海洋渔业产业化发展。主要依托港口资源优势，发展海洋交通运输业和临港工业，在宁波滨海地区、杭州湾北岸、温州七里和浙江中部沿海等临港区域选择发展电力、石化、钢铁和修造船等产业，同时大力发展加工贸易和转口贸易、滨海海洋旅游、海洋生物医药等产业。文件同时从专项贴息资金扶持、用海用地保障、税收优惠等方面提出了一系列针对性扶持、保障措施。

这一时期，浙江省海洋经济总量快速发展。2002 年，浙江省海洋生产总值约 1 052 亿元，是 1998 年的 1.12 倍，以当年价计，年均增长 20.7%；海洋产业增加值约 401 亿元，占浙江省 GDP 的 5.2%，比 1998 年提高 1.1 个百分点；海洋经济增加值及其占国内生产总值的比重位居全国第 5 位。浙江省海洋产业结构不断优化，海洋三次产业结构从 1998 年 52∶17∶31 调整为 34∶29∶37，海洋第二产业提升明显。一是渔业生产结构得到改善。自 1998 年以来，浙江省每年安排近 2 亿元专项资金用于渔业结构调整和捕捞渔民转产转业等工作。浙江省累计淘汰报废海洋捕捞渔船 1 800 多艘，转产转业渔民 9 400 多人，海洋捕养结构从 1998 年的 87.5∶12.5 调整为 2002 年的 79∶21。二是大力发展海洋水产品加工、海洋船舶制造等海洋第二产业。2002 年海产品加工总量 103.5×10^4 t，比 1998 年增加 93×10^4 t，海洋船舶制造业 2001 年实现产值 37 亿元，比 1998 年增长 34%。三是重点提升港口海运、海洋旅游等第三产业。2002 年浙江省沿海港口货物吞吐量达 2.57×10^8 t，比 1998 年增加 1.38×10^8 t，宁波、舟山分别位居全国第二和第九大港；海洋旅游增加值 80 亿元，是 1998 年的 6 倍。

3.1.2.2 海洋经济强省快速增长期（2003—2011 年）

2003 年，浙江第三次召开浙江省海洋经济工作会议，提出建设海洋经济强省，并将“大力发展海洋经济”纳入“八八战略”，标志着浙江从海洋经济大省建设转向海洋经济强省建设。浙江省委、省政府印发了《关于建设海洋经济强省的若干意见》（浙委〔2003〕20 号），共 7 部分 25 条意见，提出建设海洋经济强省的总体要求和目标，极大地推进了浙江海洋经济强省建设的进程。在这期间，浙江海洋生产总值从 2004 年的 1 473 亿元，上升为 2011 年的 4 451 亿元，年均增长 17%，高于浙江海洋经济发展其他时期的增速。对地区经济增长贡献也尤为显著，海洋经济占地区经济比重从 2004 年的 12.6%，提高到 2011 年的 13.8%，上升 1.2 个百分点，是比重增长变化最快的时期。这一时期也是海洋第二产业发展的黄金时期，2004—2011 年，海洋第二产业年均增速为 16.7%，高于 2004—2009 年年均增速 6 个百分点，海洋渔业、海洋化工、海水利用、海洋生物医药、海洋船舶等传统与新兴产业发展较为迅猛，为后期海洋经济发展打下了坚实基础。

3.1.2.3 海洋经济转型提质攻坚期（2012—2021 年）

2012 年，国家提出海洋强国建设目标，浙江乘势而为，浙江海洋经济发展示范区、浙江舟山群岛新区建设获批上升为国家战略，标志着浙江海洋经济发展又向前迈进了一步。这一时期世界金融危机的负面作用日益显现，国民经济发展进入了增速换挡期，海洋经济原先的两位数增长也不再出现，海洋经济进入了结构调整、质量提升的发展攻坚期。2012—2021 年，浙江海洋生产总值占地区经济比重稳定在 14%左右，占地区经济的比重变化甚微；这一阶段海洋经济年均增速仅为 8%，低于 2004—2020 年年均增速 4 个百分点；海洋第二产业增速持续放缓，年均增速仅为 5.6%，低于 2004—2019 年年均增速 4 个百分点。虽然浙江海洋经济增速放缓，但海洋经济发展质量正在不断提升。浙江先后出台《关于加快发展海洋经济的若干意见》（浙委〔2011〕31 号）、《加快建设海洋强省国际强港的若干意见》（浙政办发〔2017〕44 号），强化山海协作、陆海联动，以海洋强港建设为拉动海洋经济发展新引擎，布局大湾区建设，谋定陆海统筹发展新格局。这一时期宁波舟山港得到实体化运作，港口改革引领全国，江海联运加快建设，海铁联运进一步延伸，海洋科研投入持续加大，海洋生态环境得到明显改善，海洋经济在破除发展不利因素的环境下艰难发展。

2021 年浙江省人民政府印发《浙江省海洋经济发展“十四五”规划》，提出建设世界级临港产业集群，百亿级海洋清洁能源产业集群；加强海上风机关键技术攻关，加强风电工程服务，有序发展海上风电。创新发展海岛太阳能应用成套体系，加快太阳能海上应用推广，推进渔业光伏互补试点；支持发展沿海核能，开展核电站勘探、设计、评估以及核电产品检验检测等业务；稳妥推进国家级潮流能、潮汐能试验场建设，重点聚焦潮流能技术研发、装备制造、海上测试。

3.2 浙江省海洋经济发展现状

3.2.1 浙江省海洋经济总量

2003 年，时任浙江省委书记的习近平同志亲自调研、亲自部署、亲自推动“海洋经济强省”建设。多年来，浙江省坚持一张蓝图绘到底，积极践行“海洋是浙江未来的希望所在、潜力所在”重要理念，先后经历了“海洋经济强省、海洋强省、国家经略海洋实践先行区”三个阶段。坚持稳中求进工作总基调，统筹推进“五位一体”总体布局，协调推进“四个全面”战略布局，紧扣“十三五”海洋与渔业“一四六三”工作任务，聚焦改革创新、聚焦转型发展、聚焦民生保障，深入推进供给侧结构性改革，加快推进“5211”海洋强省战略，按照高质量发展的要求，大力推进浙江省海洋经济发展，海洋经济发展的稳定性、协调性、可持续性不断增强。全省海洋经济运行总体趋势是：海洋经济平稳向好发展，保持了稳中有进，稳中提质的发展态势，主要经济指标处于中高速增长合理区间，结构、效益持续向好，市场活力进一步释放，海洋科技创新能力进一步提升，海洋经济在国民经济中的地位保持稳定。

根据《中国海洋经济统计年鉴》，2020 年浙江省海洋生产总值 8 424. 2 亿元，比上年增长 2. 8%，其中，第一产业 617. 0 亿元，第二产业 2 584. 9 亿元，第三产业 5 222. 3 亿元，海洋经济占全省地区生产总值比重的 13. 0%。相较于 2015 年浙江省海洋生产总值 6 016. 6 亿元，平均每年增长 7. 0%，快于全国海洋生产总值 3 个百分点。“三产”比重由 2015 年的 7. 7 : 36. 0 : 56. 4 调整为 7. 3 : 30. 7 : 62. 0。浙江海洋生产总值在全国 11 个沿海省（区、市）中，位居第五位（前四位依次为广东、山东、福建、上海）。

图 3. 3　海洋生产总值及增速

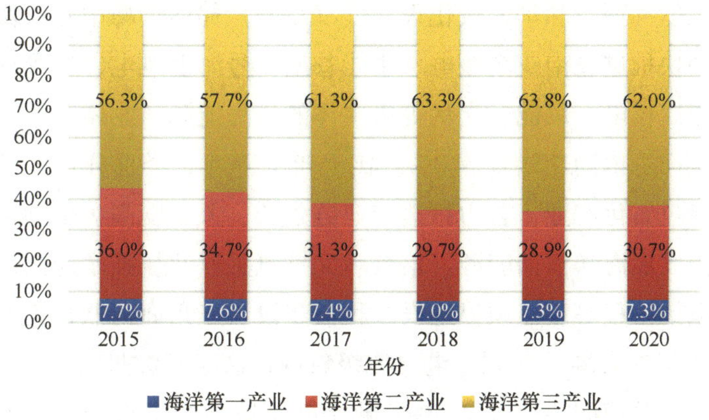

图 3.4 海洋生产总值“三产”占比

3.2.2 沿海城市与内陆城市地区总量结构

3.2.2.1 沿海七市

各沿海市因地制宜，利用各自发展优势，统筹推进海洋经济发展。

从总量看，2020 年宁波、温州、舟山三市的海洋生产总值超千亿，三市总量占全省海洋生产总值比重超过 45%，比上年增长 1.2 个百分点；从占比看，7 个沿海市海洋经济总量占 GDP 比重近 10%，比上年增长 0.2 个百分点；从增速看，排名前三的分别为舟山市、台州市和嘉兴市，增速分别为 13.7%、6.9%和 5.0%，三市对全省海洋经济增长的贡献率达到 74.7%，拉动全省海洋经济增长 2.4 个百分点。

从区域看，2020 年杭州市海洋生产总值同比增长 4.0%，比上年下降 2.7 个百分点，增速幅度整体呈下降趋势。杭州大力推进传感器、半导体、生命健康、临港高端装备、航空航天、新材料等高端产业集群发展，打造形成以钱塘、萧山为核心，西湖、余杭、富阳、临平等多点分布的“双核多点”海洋产业发展格局。

宁波市海洋生产总值同比增长 3.6%，近两年增速不断放缓，2020 年较上年下降 0.8 个百分点。宁波加速聚焦做大做强海洋产业，着力培育新增长点。海洋新兴产业方面，围绕海洋新材料、海洋电子信息、海洋新能源等产业，有序推进一批重点项目前期工作和建设投产。海洋服务业方面，重点推进港航物流、滨海文旅等领域 12 个项目建设，涉及总投资 163 亿元。

温州市海洋生产总值同比增长 4.1%，比上年下降 6.5 个百分点，增速明显放缓。温州市紧盯石化、能源、物流、渔业、生物医药、海洋旅游六大优势产业领域，加快推进浙江浙能温州液化天然气项目和华港液化天然气（LNG）储运调峰中心项目建设，打造 LNG 全产业链基地。加快推进苍南三澳核电、华能苍南 4 号海上风电、远景海上风电等重大项目建设，着力构建以核电、风能、光伏等为主体的临海能源产业体系。

嘉兴市海洋生产总值同比增长 5.0%，比上年下降 4.2 个百分点，增速下降较多。积极培育壮大临港绿色石化产业，着力打造产业链条长、关联度高、带动性强的化工新材料产业链集群。加快发展海洋清洁能源，培育壮大核电关联及核技术应用产业链，推进华能嘉兴 2 号海上风电场工程等重点项目建设。积极建设长三角海河联运枢纽港，嘉兴港、嘉兴内河港均迈进“亿吨大港”行列，港口能级省内仅次于宁波舟山港。

绍兴市海洋生产总值同比增长 2.5%，比上年下降 4.3 个百分点，下降幅度较大。绍兴聚焦生物技术药、化学创新药、高端医疗装备制造、医疗人工智能等重点领域，加快建设绍兴滨海现代医药高新园区等一批涉海生物医药园区。高水平建设传统制造业改造升级示范区，着力提升绍兴滨海等省级新区临港产业发展能级。

舟山市海洋生产总值同比增长 13.7%，比上年提高 3.2 个百分点，2018 年至 2020 年年均增速达 12.1%，是增长速度较快的地市。舟山绿色石化产业、自贸区、港口航运等多项海洋经济指标实现快速增长，2021 年，舟山港域完成货物吞吐量首次突破 6×10^8 t，达到 $60\ 065.32\times10^4$ t，较上年增长 5.12%。油气全产业链、江海联运服务、开发区（园区）建设成效加快凸显，国家大宗商品储运基地、海洋科技创新平台取得积极进展。

台州市海洋生产总值同比增长 6.9%，比上年提高仅 0.1 个百分点，基本保持稳定。台州以推动临港产业带全面建设为主线，台州湾新区和路桥区重点发展临港装备制造、滨海旅游、涉海新材料等产业。温岭东部重点发展船舶修造、海洋捕捞、水产加工、滨海旅游等产业。黄岩、天台、仙居等非直接靠海的区域作为联动区，重点发展涉海类装备制造、抽水蓄能、生态环保等产业，形成“一体、两翼、三带、六区”全市域推动海洋经济发展的新格局。

3.2.2.2 内陆四市

内陆四市围绕海洋强省建设工作，均成立市级工作专班，有序推进各项工作，协力共筑全省域海洋强省建设亮点、增长点、突破点。总体来看，交通物流联通体系积极构建，对外合作开放取得较大进展，科技创新陆海共享深入推进，山海协作建设成效显著。

分市来看，金华市围绕“八大行动”计划，聚焦重大项目、重大平台、重大改革，建立海洋产业重大项目推进机制，加大招引力度，找准定位、系统谋划、有序推进海洋强省建设工作。开展“中欧+海铁+海运”多式联运转口贸易业务，增进义新欧班列与海铁联运互联互通，开行义乌至温州海铁联运班列，创建金义综保区、义乌综保区。

衢州市围绕加快推进四省边际共同富裕示范区和四省边际中心城市战略目标，坚持产

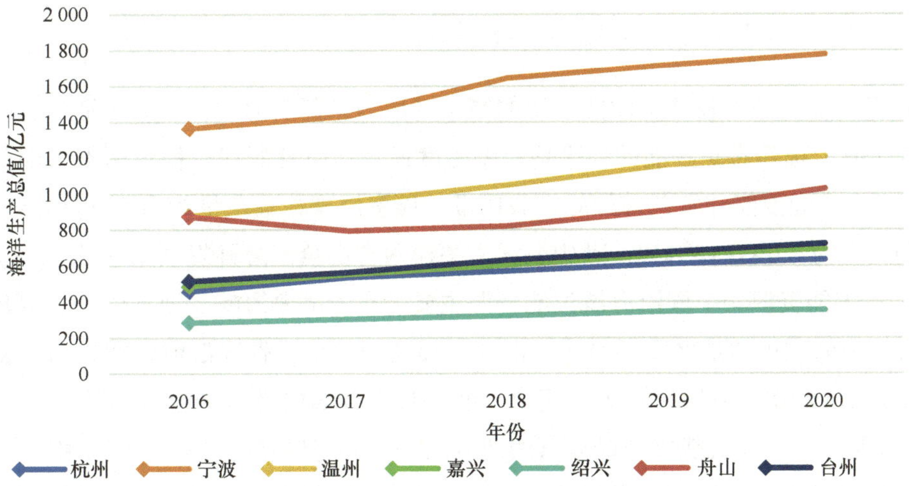

图 3.5　浙江省沿海市 2016—2020 年海洋生产总值趋势

业为王、开放协作，全力强化“金衢丽省内联动带”和“跨省域腹地拓展带”支撑，推动全市域高质量融入海洋强省建设工作。

丽水市深入研究建设思路，以陆海联动山区特色样板为目标，科学化、体系化、常态化推进海洋强市建设工作。

湖州市打造全国内河水运转型示范区，建设“湖州模式”。近年来，湖州市内河水运“五个转型”工作全面铺开，河海联运走在前列，形成了一系列可复制可推广的内河水运转型发展的“湖州模式”。

3.3　浙江省海洋产业发展现状

3.3.1　海洋可再生能源

浙江蕴含丰富的可再生海洋清洁能源，包括海上风电、潮汐能、波浪能、温差能、海流能等多种海洋能资源，其中可开发的海洋潮汐能装机容量占全国的40%、海洋潮流能占全国的50%以上。同时，浙江海洋资源较为丰富，海域面积 26×10^4 km^2，海岸线总长约 6 700 km，海岛 4 370 个，为海上风电的开发提供了充足的空间资源。开发潜力较大的海洋可再生能源资源为浙江海洋强省建设、实现“双碳”发展目标提供足够的物质基础和能源保障。

3.3.1.1 浙江省海洋可再生能源基本情况

（1）潮汐能资源。我国潮汐能资源的富集区域为东部沿海地区，其中浙江省的潮汐能资源最为丰富，福建省潮汐能的年平均功率密度最大。而且浙江、福建两省大部分海域潮差不低于 4 m，潮汐能开发条件较好。我国潮汐能资源理论蕴藏量约为 1.9×10^{8} kW，其中可开发利用量为 $2\ 098\times10^{4}$ kW，其中浙江、福建两省占全国总开发利用量的 88%。

（2）波浪能资源。中国沿海波浪能资源主要分布于渤海海峡、浙江中部、福建海坛岛以北、台湾海峡和西沙地区海洋沿岸。浙江、福建和山东三省波浪能资源较为丰富，预计可开发量在 161×10^{4}~205×10^{4} kW，其中，浙江舟山群岛的部分海域潮流流速常年稳定在 2~4 m/s，是世界上潮流能资源最丰富的地区之一，具有较高的商业开发利用潜力。

（3）潮流能资源。浙江沿岸海域潮流能资源是我国最丰富的地区，占我国近海潜在可开发量的 1/2 以上，其中，舟山海域由于多岛屿，岛屿间海况平稳，潮流能资源蕴藏量极高，且岛屿间各水道多为基岩类型，便于布设座底式潮流能发电装置，开发潜力巨大。

（4）海上风能资源。浙江近海风能资源主要分布在近海和离大陆较远的海岛，其中，近海主要分布在杭州湾西部、杭州湾沿岸、大陆海岸带以及近岸大岛。这些区域的风功率密度一般在 100~200 W/m^2，平均风速 3~5 m/s，有效风速小时维持在 5 000 h 以上。浙江大多远岸岛屿的风速常年在 5 m/s 以上，平均风功率密度在 300~400 W/m^2，有效风速小时维持在 6 000 h 以上，约占全年总时数的 70%以上。

3.3.1.2 浙江省海洋可再生能源开发利用情况

（1）潮汐能技术不断取得新进展。目前，浙江省已有 19 处可开发的潮汐电站场址，海洋潮汐能源总量为 850×10^{4} kW，技术可开发量为 120×10^{4} kW。1975 年，玉环海山潮汐电站建成，是国内最早的潮汐电站。1988 年，该电站年发电量 25 万度，日平均发电 20.5 h，标志着浙江省正式进入海洋清洁能源开发利用领域。1985 年，装机容量高达 3 200 kW 的温岭江厦潮汐试验电站正式建成，是国内运行时间最长的潮汐能电站。经过多年的实践，浙江省积累了大量开发、建设、运行、管理等方面的技术经验，并处于全国潮汐发电领先地位。

（2）波浪能技术处于开发试验阶段。波浪能分布广、储量大，但技术仍处示范阶段，技术发展水平落后于潮流能，全球装机不足 25 MW，主要有振荡水柱式、振荡体式和聚波越浪式等技术形式。欧洲多采用点式吸收器波浪能发电装置，我国主要采用振荡体式，单机容量最大的是由中国科学院广州能源所研制的 0.5 MW 的“舟山”号和“长山”号。浙江沿海波浪高平均为 1.3 m，其理论密度约为 5.3 kW/m、装机容量约为 200 万 kW，约占全国总量的 16%。浙江“浮力摆式”波浪发电装置开发与研制初见成效，其技术发展总趋势是：效率由低到高，输出由不稳定到稳定，布放方式由固定到漂浮，建设成本由高到低，用途由单一发电到多样发电。

（3）潮流能发电技术领先全国。2013年，总容量为300 kW的“海能-Ⅰ”号百千瓦级潮流能电站在浙江岱山县龟山水道成功下水，是我国首座漂浮式立轴潮流能示范电站。此后浙江潮流能装备研发进展迅速，技术总体处于国际先进水平。浙江大学研制的300 kW半直驱水平轴潮流能发电机组在2014年完成海试，在国际上首次实现大驱动力液压变桨。位于浙江舟山秀山岛的LHD大型潮流能发电站，是世界上连续并入电网运行时间最长的潮流能发电项目，获国际国内专利60多项。2022年，世界最大单机容量1.6 MW“奋进”号潮流能发电机在岱山下水，目前已并入国家电网，年发电量可达200×10^4 kW·h，年减少二氧化碳排放1 994 t。

（4）海上风电取得零的突破。2019年4月，浙江省首个海上风电场——国电普陀6号建成并网，实现浙江海上风电项目零的突破。此后，一批海上风电项目相继核准、开工，浙江海上风电进入规模化发展阶段。截至2020年年底，浙江海上风电累计已并网装机容量45×10^4 kW。据《可再生能源发展“十四五”规划》，预计到2025年，浙江将新增风电装机容量$1\ 700\times10^4$ kW。此外，浙江省还启动了海上风电场工程规划修编工作，为后续海上风电发展储备项目。

3.3.1.3 浙江省海洋可再生能源主要工程运行情况

（1）潮流能试验场——浙江舟山潮流能发电示范工程。位于普陀山岛与葫芦岛水域之间。该项目终期计划建设成规模2 500 kW的潮流能发电试验场。截至目前，第一期已建设完成450 kW机组容量。由水下潮流能发电机组产生的电能，将通过升压后接入葫芦岛岸基集控中心，再由岸基集控中心接入国家电网，完成并网发电。

（2）LHD潮流能发电工程。位于舟山秀山岛东南海域。从空中俯瞰，装载“奋进”号的第二期总成平台为方形架构，装载了三代潮流能机组的第一期总成平台呈小提琴形。截至2022年2月，第一期平台装机容量为1.7 MW，已连续并网运行约57个月，累计上网电量超过167万度，并网时间和发电量均居世界前列。“奋进”号在试运行一个月后也将并入国家电网，届时LHD潮流能发电工程总装机容量将达3.3 MW。

3.3.2 海洋渔业

海洋渔业增速渐稳，捕捞向养殖转变明显，过洋性远洋渔业项目持续拓展，休闲渔业精品化、规范化发展。浙江省紧紧围绕省委、省政府作出的“五水共治”“一打三整治”转型升级系列组合拳战略部署，实施“浙江渔场修复振兴”和“渔业转型促治水”两大行动，组织开展“幼鱼保护攻坚战”“伏季休渔保卫战”两大战役，推动渔业转型升级（图 3.6）。浙江省海洋渔业主要呈现以下特点。一是捕捞不断向养殖转变。自 2015—2019 年以来，国内海洋捕捞产量由 336.7×10⁴ t 下降至 272.4×10⁴ t，海水养殖产量由 93.3×10⁴ t 增长至 127×10⁴ t。二是远洋渔业保持较快增长，远洋渔业配套设施更加完善。远洋渔业产量年均增长 2.6%。舟山积极推进过洋性远洋渔业发展，在伊朗、安哥拉、乌拉圭等过洋性渔业项目取得实质性进展，加强与“一带一路”共建国家渔业合作，积极开拓新渔场；舟山国家远洋渔业基地，新增万吨级码头，实现年吞吐能力 100×10⁴ t；台州椒江中心渔港的远洋渔业码头工程完成交工验收，在缅甸仰光建成 5 000 t 冷库，服务缅甸远洋渔业发展。三是休闲渔业经营主体快速扩张。5 年时间，休闲渔业经营主体从 1 881 家增加到 2 394 家，年均增长 6.2%。渔区旅游、海钓等项目深受好评，有力地带动渔村旅游业与餐饮业的融合与发展，休闲渔业逐渐为乡村振兴赋予新动能。

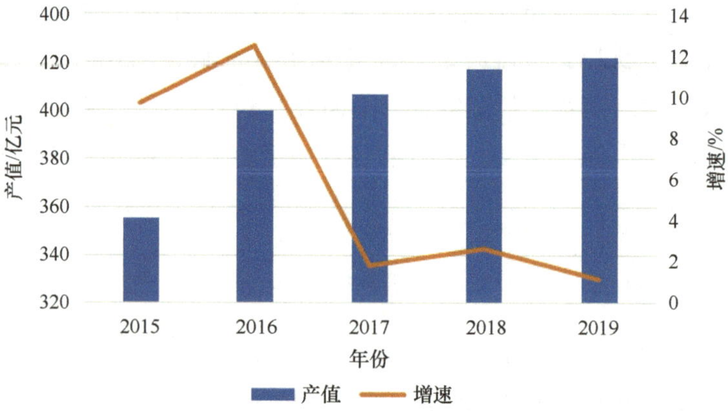

图 3.6　海洋渔业产值及增速

3.3.3　海洋船舶工业

受国内外传统航运市场低迷、市场竞争压力不断增加的影响，海洋船舶工业振兴之路艰难曲折。2017 年，海洋船舶工业产值出现较大下滑，2018—2019 年逐步回升（图 3.7）。

围绕深化结构调整加快转型升级的总体要求，浙江省海洋船舶工业抓住市场回暖的有利时机，涌现出了以舟山长宏国际、舟山中远海运重工等为代表的龙头企业。一是产品结构持续优化，高附加值新产品不断涌现。浙江省内先后交付了国内最大中型 C 罐 LNG 运输船（FSRU）、7800PCTC 首制船、15 万吨级 FPSO、1.22 万吨 TEU 集装箱船和“沈括”号科考船等新产品。与此同时，在绿色新能源、智能船舶制造方面也有所突破。浙江省内首艘智能船舶“海电院智能 1 号”在嘉兴交付，常石集团（舟山）的豪华邮轮、太阳能

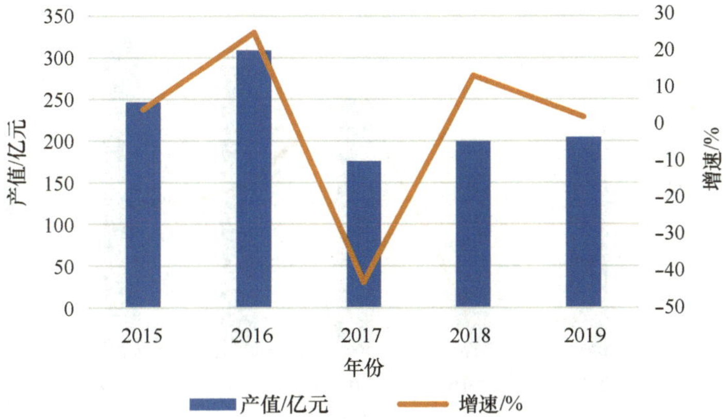

图 3.7　海洋船舶工业产值及增速

动力船舶项目，浙江天时洽谈的下一艘专业科考船订单，都为“十四五”时期浙江船舶工业不断添加新的动力。二是修船产业保持增长，海工企业加紧交付。浙江舟山正成为全球最重要的船舶修理基地，统计数据显示，2019 年度浙江船舶修理产值同比增幅 50%以上，修理完工艘数和吨位数分别同比增长 50.1%和 14.9%，修船营收同比增长 67.6%，其中以万邦永跃、舟山鑫亚、浙江友联、舟山海运重工等为代表的浙江骨干修船企业继续发挥好龙头企业带动作用，修船产值、修理完工艘数、吨位数和修船营收同比增幅均超过全省均值，对全省修船产业的贡献接近 80%。

3.3.4　海洋交通运输业

近年来，浙江省积极融入长江经济带和长三角一体化国家战略，随着海洋经济发展示范区和舟山群岛新区建设的统筹推进，海洋运输服务能力不断提高。海洋交通运输业增加值自 2015—2019 年以来平均增速达到 11.14%（图 3.8）。

港口一体化创新引领全国。2016 年 11 月，浙江省海港集团与宁波舟山港集团深化整合，成功经验获交通运输部发文推广。2021 年，宁波舟山港完成年货物吞吐量 12.24×10^{8} t，同比增长 4.4%，连续 13 年位居全球第一；完成集装箱吞吐量 3 108 万标准箱，同比增长 8.2%，继续位居全球第三。2021 年，新华波罗的海国际航运中心宁波舟山港综合排名首次进入全球前十，正式进入全球航运服务第一梯队，宁波舟山港获得我国港口界首个中国质量奖。保税油年供应量达 552×10^{4} t，年均增长 31.9%，跻身全球第五大国际船舶加油港行列。舟山江海联运服务中心完成江海联运货物吞吐量 2.8×10^{8} t，承载了长江经济带 40%的铁矿石和 50%的粮食中转业务。2021 年，中欧班列“义新欧”累计开行数量占全国份额超 10%，跻身全国前三。

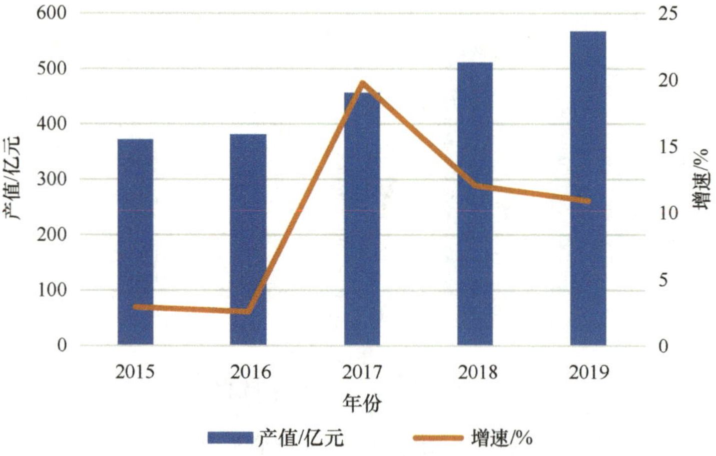

图 3.8 海洋交通运输业产值及增速

3.3.5 滨海旅游业

发展规模稳步扩大，旅游新业态成长步伐加快。浙江省滨海旅游业增加值自 2018 年起恢复两位数增长，并保持较快发展，2015—2019 年平均增速达到 10.59%（图 3.9）。

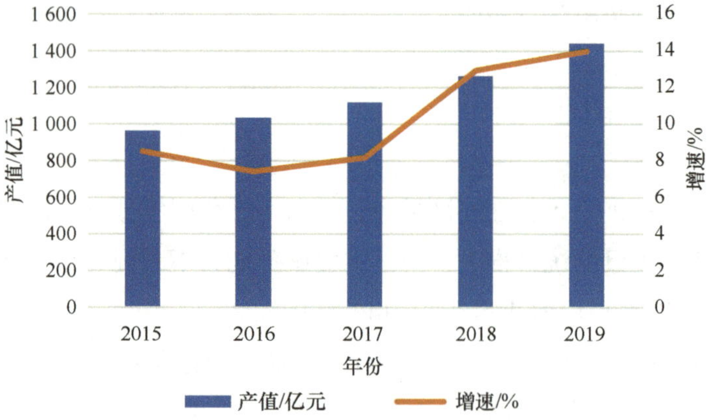

图 3.9 滨海旅游业产值及增速

2015—2019 年，浙江省接待入境游客人数累计 1 920.75 万人次，年均增长 5.79%，旅游总收入累计 33 053.84 亿元，年均增长 23.14%，并且在 2019 年突破万亿。随着“一带一路”倡议的实施，宁波正积极发展滨海休闲旅游产业，努力打造海丝文化旅游名城，加快建设国际性休闲旅游目的地。2018 年，宁波梅山峰会 · “海上丝路”旅游高峰论坛在宁波举行。2019 年，浙江制订和实施大花园建设行动计划，积极推进万村景区化和全域旅游产业发展，打造“诗画浙江”品牌。

3.3.6 海洋生物医药业

海洋生物医药研发不断取得新突破，引领产业快速发展，5 年来产值增速稳定在两位数。海洋生物医药业自 2015—2019 年以来平均增速为 16.76%（图 3.10）。在过去的 5 年时间里，建成了宁海生物医药产业园、杭州海创园、新药港、国家生物高技术产业园等创新基地。宁波积极推动海洋经济转型升级，并围绕海洋高端装备和海洋生物产业，通过产业链协同创新和孵化集聚创新，加快成果转化和产业化，建设了宁波海洋高端装备产业孵化集聚创新基地、宁波海洋生物医药产业孵化集聚创新基地等两大“十三五”宁波市海洋经济示范城市集聚基地。舟山现代海洋产业创新服务综合体被列入浙江省首批产业创新服务综合体创建计划，集聚各类创新资源，为舟山市海洋生物、海洋电子信息领域的企业提供了大量的科技服务。

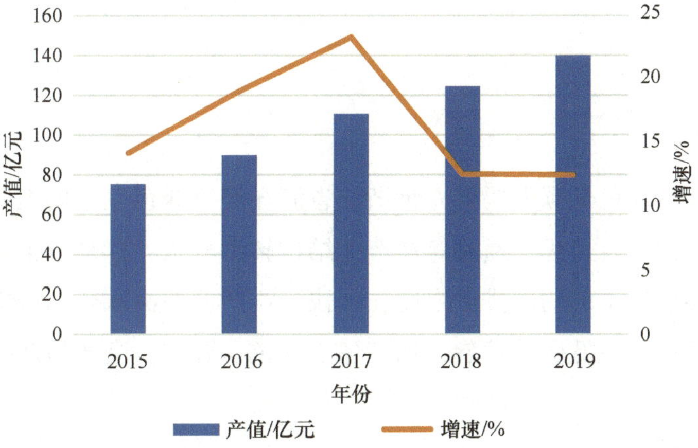

图 3.10 海洋生物医药业产值及增速

3.3.7 海水利用业

海水利用业产值从 2017 年开始保持稳定增长（图 3.11）。海水淡化产业和相关技术居全国领先地位，海水淡化的核心技术设备——反渗透膜及膜组器、高压泵、系统集成、海水预处理技术等已较为成熟，国内工程技术市场占有率名列前茅，在东南亚和中东地区成功开展了技术和设备应用合作。目前成功掌握了大型反渗透海水淡化单机装置的系统设计和集成技术，突破了风、光等新能源互补海水淡化技术。

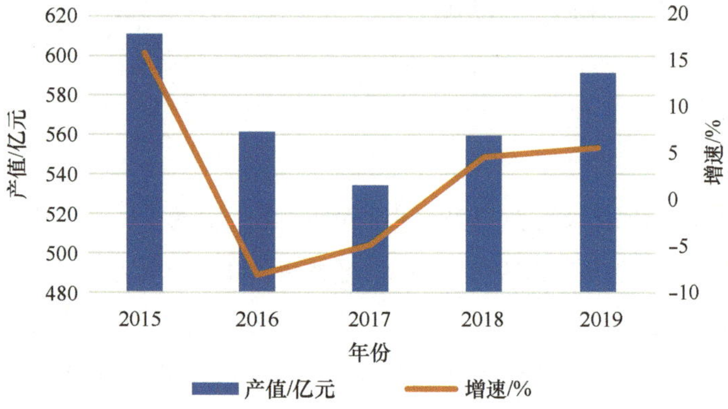

图 3.11　海水利用业产值及增速

3.4　浙江省海洋经济发展模式分析

3.4.1　战略定位

浙江省海洋经济绿色低碳发展要立足浙江省海洋经济绿色发展的实际情况，将降低能源消耗和碳排放作为主要目标，通过海洋产业结构转型升级，以科学创新为重要手段，大幅度降低单位海洋生产总值的碳排放强度，加快海洋产业向高端化、智能化、绿色化方向发展，推进海洋经济绿色低碳化发展，加速建立绿色、开放、高效的低碳经济体系。

3.4.2　发展目标

随着海洋强省建设深入推进，2025 年，浙江省海洋经济领域建设将取得显著成效，主要发展指标将取得显著提升。海洋经济综合发展水平稳居全国第一方阵。2025 年，浙江省海洋生产总值力争突破 1.28 万亿元，海洋生产总值占地区生产总值比重达到 15%，海洋第三产业增加值占比达到 65%，将宁波舟山港打造成为世界一流强港，力争成为全球重要港航物流中心之一，成为面向亚太、服务世界的航运服务中心。到 2035 年，浙江海洋强省将基本建成，海洋综合实力大幅提升，海洋生产总值在 2025 年的基础上再翻一番，海洋科技创新能力跻身全国一流，海洋科创体系更加完善，海洋中心城市挺进世界城市前列，建成具有国际竞争力的现代化海洋产业集群，建成世界一流强港，在全球海洋开发与合作中具有重要话语权。

3.4.3 海洋经济低碳发展模式构建思路

分析、构建浙江海洋经济低碳发展模式，首先必须明确该发展模式下，主要涉及的行为主体有哪些，这些行为主体的主要角色、作用与影响是什么；其次要把握在海洋经济发展过程中，碳是如何流转的，必须细化到每个环节，严格控制碳的产生与排放；最后要清晰海洋低碳经济发展模式是怎么样的系统结构，如何利用现有技术手段，降低碳排放量，取得最大的经济效益、社会效益和环境效益。由此，构建海洋经济低碳发展模式。

行为主体指的是政府、涉海（用海）企业、学研机构、居民四个主要碳排放活动主体。低碳发展是一种以低耗能、低污染、低排放为特征的可持续发展模式。海洋经济低碳发展理念就是以海洋经济可持续发展为目标，通过技术创新、产业升级、新能源开发等多种手段，减少海洋产业对环境的负面影响，积极发展清洁能源、海洋生物医药、海水淡化等新兴产业，推动传统海洋产业向低碳、环保、高附加值方向转型升级，实现经济效益和生态效益共赢。海洋经济低碳发展的行为选择是指围绕海洋经济低碳发展的核心目标，政府、涉海（用海）企业、学研机构、居民等行为主体通过政策制度建设、政府管理、科技创新研发、产品生产、消费选择等各种行为来落实海洋经济低碳发展理念，最终实现海洋产业向低碳化和生态化方向发展，实现经济效益和生态效益共赢的发展模式。

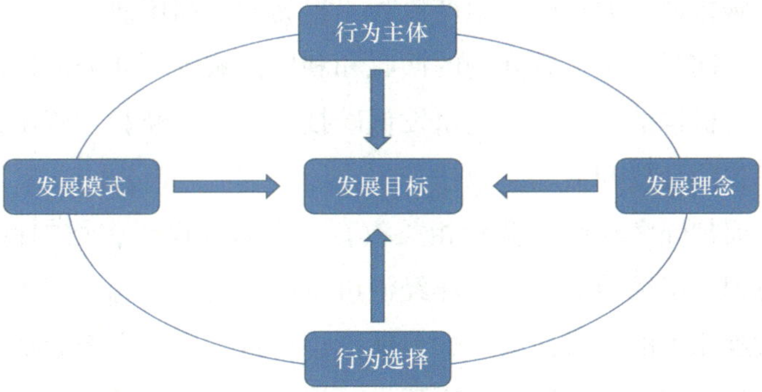

图 3.12 海洋经济低碳发展模式构建思路

3.4.4 海洋经济低碳发展模式分析

围绕海洋经济低碳发展目标，形成的海洋经济低碳发展模式涉及的主要有四大行为主体，即政府、涉海（用海）企业、学研机构以及居民。从宏观统筹四个行为主体，在不同环节上落实到碳产生、排放、碳汇的控制，直到实现低碳发展目标。

3.4.4.1 四大主体责任

从政府层面来说，应制定明确的海洋产业低碳发展目标，包括碳排放减少、能源消耗降低等具体指标，并制定相应的实施计划。首先要完善法律法规体系，制定和完善与海洋经济低碳发展相关的法律法规，明确企业、个人在低碳发展中的责任和义务，为低碳发展提供法律保障。要做好政策制定与执行，政府应制定一系列推动海洋经济低碳发展的政策，加大财政支持力度，包括财政激励、税收优惠、法规制定等。通过财政拨款、税收优惠等措施，加大对海洋经济低碳发展的支持力度，鼓励企业、个人积极参与低碳发展。例如，对涉海企业实施碳排放限制，对低碳技术研发、创新给予资金支持等。其次要做好监管与评估。要建立完善的海洋环境监管体系，对涉海企业的排放进行严格监控。积极推广低碳技术，加大对低碳技术的研发和推广力度，鼓励企业采用低碳技术，提高能源利用效率，减少碳排放。定期对海洋经济低碳发展进行评估，确保目标的实现。需要做好宣传与教育，通过各种渠道宣传低碳发展理念，提高公众的环保意识。在教育体系中增加低碳发展相关内容，培养未来一代的低碳发展意识。积极加强国际合作，与其他国家开展海洋经济低碳发展的合作与交流，引进先进的低碳技术和管理经验，共同推动全球海洋经济低碳发展。

从涉海、用海企业来说，应加大对低碳技术的研发力度，积极采用新技术、新工艺，降低生产过程中的碳排放。通过改进生产流程、提高能源利用效率等方式，降低生产过程中的能耗和碳排放。同时，加强废弃物的回收和利用，减少对环境的影响。加强与其他涉海企业、学校和科研机构的合作，共同研发低碳技术，共享经验与资源，积极参加国际海洋经济低碳发展相关的会议和活动。

从学校来说，要加强海洋经济低碳相关教育，在课程设置中增加低碳发展相关内容，培养学生的低碳意识，帮助他们形成海洋经济可持续发展的观念。组织开展实践活动，组织学生参与低碳发展相关的实践活动，如节能减排项目、环保志愿者活动等，提高学生的实践能力和环保意识。加强教育师资队伍建设，培养和引进具备海洋经济、海洋环保、生态保护等综合知识和技能的教师，提高海洋生态保护、海洋低碳技术研究等课程的教学质量。从科研机构来说，要积极开展科研攻关，针对海洋经济低碳发展的关键技术难题，为海洋经济的低碳发展提供技术支撑。开展科研攻关，要推动技术创新和成果转化。加强产学研合作，加强与学校、企业等的合作，共同开展科研项目和实践活动，促进产学研一体化发展。积极参与国际交流与合作，提高自身的国际影响力和竞争力。

作为居民，可以为推动海洋经济低碳发展做出自己的贡献。增强低碳意识，通过参与政府、学校、社区等组织的低碳环保宣传和教育活动，了解海洋经济低碳发展的重要性，增强自身的低碳意识。节能减排，在日常生活中，注意节约用电、用水，减少能源消耗。可以选择使用节能家电、LED 灯等节能产品。出行时，尽量选择公共交通、骑行或步行，减少私家车出行。减少废弃物产生，积极参与垃圾分类，将可回收物、有害垃圾等进行分类投放。减少使用一次性塑料制品，选择环保袋、可重复使用的餐具等。支持绿色产品，在购物时，优先选择使用环保材料、生产工艺环保的产品。支持绿色产业的发展，推动市场对低碳产品的需求。参与志愿服务，加入或支持当地的环保组织、志愿者团队，参与清洁海滩、植树造林等志愿服务活动，为海洋生态保护做出贡献。合理消费，避免过度消费和浪费，合理规划家庭开支。选择购买印有环保标志的绿色食品等，支持绿色低碳的生产方式。参与监督与建议，关注当地政府关于海洋经济低碳发展的政策与规划，对不合理或存在问题的政策提出自己的意见和建议。通过社区、网络等平台，监督企业和商家的行为，鼓励他们采取更环保的生产和经营方式。

3.4.4.2 运行模式

在实现海洋经济低碳发展模式中，政府、涉海（用海）企业、学研机构以及居民有着各自的责任和行为导向，同时四大行为主体相互联系、制约、影响，在分工、支持、协作中实现海洋产业的发展过程的低碳化控制。

首先，实现海洋经济低碳发展需要四大行为主体从思想观念上都树立海洋经济可持续低碳的理念，明确经济、生态、社会、文化、保障能力等协调发展的方向。其次，四大行为主体在明确好各自责任之后，围绕碳产生、排放、治理三个环节，通过自身的行为选择，在低碳产业体系构建、低碳技术研发、低碳能源利用、低碳产品开发与使用等关键领域付诸具体行为，将海洋经济低碳理念付诸实际行动。最后，该发展模式需要政府、涉海企业、学研机构以及居民的共同参与并形成合力，相互监督共同促进。

4 浙江省海洋经济低碳发展资源和技术条件

浙江省是我国的海洋大省，海洋资源丰富，海岸线总长 6 715 km，居全国首位，大陆海岸线长 2 218 km，海岛海岸线长 4 497 km，拥有 2 878 个面积超过 500 m^2 的海岛，是我国海岛数量最多的省份，漫长的海岸线与众多的海岛提供了丰富的海洋碳汇资源和海洋能资源。浙江海洋碳汇条件优越，拥有红树林、盐沼等滨海湿地生态系统，并且渔业养殖资源丰富，渔业碳汇开发潜力巨大。东海的大陆架盆地具有丰富的油气资源，是世界上最丰富的油气资源区之一，也是中国海上油气勘探的主要地区之一。其中可开发潮汐能的装机容量占全国的四成，潮流能占全国的一半以上，波浪能、风能、温差能、盐差能等开发条件优越。

低碳发展模式是未来全球经济发展的新趋势，是促进我国生态文明建设、践行“绿水青山就是金山银山”理念（以下简称“两山”理论）、实现经济与生态和谐发展的必由之路。浙江省作为全国生态文明建设的先行省和“两山”理论发源地，开发低碳技术，发展低碳产业，构建低碳经济发展模式，不仅符合浙江省“资源小省，能耗大省”的基本情况，更能促进省内产业结构升级优化，为中国 2060 年前实现碳中和作出先行示范。

4.1 浙江省蓝色碳汇资源现状

海洋碳汇是所有碳汇中最高效的碳汇，每年人类活动释放出 55×10^8 t 二氧化碳进入大气层，其中大约有 20×10^8 t 被海洋吸收。海洋有多种固碳方式，海洋生物固碳和滨海湿地固碳是我国目前最主要、应用较为广泛的固碳方式。浙江省拥有滨海盐沼湿地、红树林、海藻床以及渔业碳汇等丰富的海洋碳汇资源。

4.1.1 森林碳汇资源

森林是陆地最大的碳库，可有效减少温室气体的排放，在全球碳平衡中发挥着巨大的作用，林业碳汇是实现“双碳”目标的重要支柱。浙江省是典型的亚热带季风气候，境内低山、丘陵众多，主要森林植被为亚热带常绿阔叶林，乔木林每公顷蓄积量的增长量、增长率均位居全国前列。如图 4.1 所示，浙江省森林覆盖率接近 60%，在 2022 年浙江全省森林覆盖率保持在 61%以上，位居全国第四位，沿海省（区、市）第三位，在全国范围内基本实现林业现代化。林业碳汇增长潜力巨大。

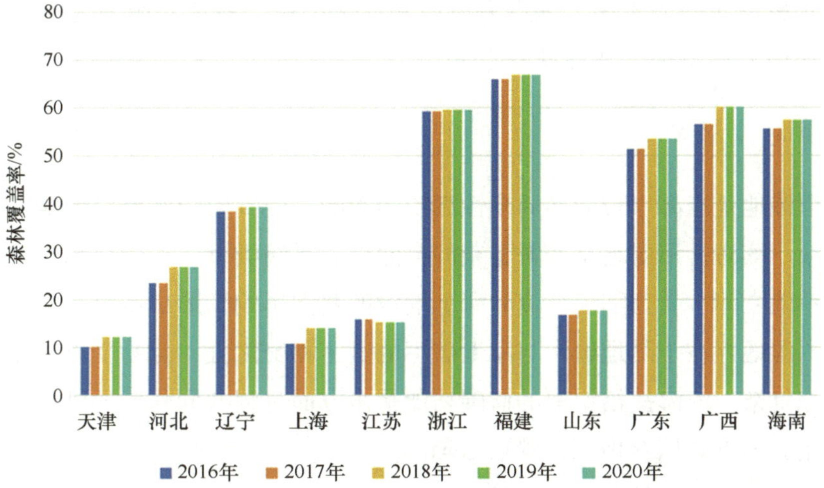

图 4.1 “十三五”时期我国主要沿海省（区、市）森林覆盖率趋势

浙江省大力支持发展绿色低碳循环产业。丽水市充分发挥丰富的森林资源优势，建立省级碳汇标准，为全省作出先行示范，随后安吉县设立国家竹产业研究院，发展林业生物质能源产业，增强竹木制品碳存储能力，探索竹林碳汇补偿和交易机制。同时，浙江省积极开展“我为亚运种棵树”活动，助力林业碳汇，创新性地打造“集体林碳汇交易+企业认购”捐赠、国有林场捐赠等方式，推动实现“零碳”亚运[69]。此外，浙江省积极推进林业碳汇数字化改革，研发“浙里种树”应用程序，公民通过登记积分，在义务植树中量化固碳增汇行为，引导公民在“双碳”中贡献自己的力量。浙江省为贯彻新发展理念做好碳达峰碳中和工作，提出到 2025 年全省森林覆盖率达到 61.5%，森林蓄积量达到 4.45×10^8 m^3，坚持实施科学绿化，注重陆海统筹、科学优化林种，增强森林蓄积量。改进退化自然林修复制度，重视对林业有害生物防治和森林防火工作，在科技创新方面提高对林业碳汇的研究和开发，不断提升林业碳汇能力。

4.1.2 滨海湿地碳汇资源

红树林、海草床和盐沼是海岸带中高效固碳的三大生态系统，被统称为蓝碳生态系统，尽管海岸带生态系统仅占海洋总面积的 0.2%，但它们所储存的碳量超过了海洋总碳储量的一半。其中，盐沼湿地总碳储量为 2.5×10^7 t，远高于红树林的 6.9×10^6 t 和海草床的 1.4×10^6 t，是滨海湿地碳汇中的最大贡献者。盐沼湿地在我国分布面积较广，在浙江省尤其是在杭州湾区域大面积分布。红树林在我国多分布于广东省和海南省等热带区域，在浙江省分布面积相对较小，在浙江南部区域呈片状零星分布。海草床主要分布在我国海水较清澈的泥土中，如渤海海域和南海海域。浙江海域因为海水浑浊、阳光难以穿透等原因，海草床无法在此“落户”[70]。

4.1.2.1 滨海盐沼湿地

滨海盐沼湿地是指海岸带受到周期性潮汐的影响，受到咸淡水淹没影响的有植被覆盖的淤泥质滩涂。滨海盐沼湿地是非常复杂的自然生态系统类型，通常分布于陆地、河流和海洋等生态系统之间，受到陆地河流和海上潮汐的共同影响，形成咸淡水交替的现象。此外，滨海盐沼湿地存在于陆地碳库与海上碳库的紧密相交之处，且易受潮汐影响，碳循环过程更为错综复杂。滨海盐沼湿地的蓝碳功能是多方面过程共同作用的结果，包括地上植物的光合作用、地下碳储存埋积、碳输出等。

陆地生态系统的植物随着土壤有机物的累计，其固碳能力会逐渐趋于饱和，当处于饱和状态时，植物光合作用吸收的碳与系统内植物呼吸作用释放的碳会达到平衡，此时陆地生态系统植物的固碳能力趋于零。如图 4.2 所示，与之不同的是滨海盐沼湿地受到周期性潮汐作用的影响，不同的水位将会影响植物的有效光合面积以及气体扩散效率，从而影响湿地与大气间二氧化碳的交换过程，潮汐作用会加强潮汐盐沼湿地的碳汇作用。例如，通常夜间潮水上涨会抑制滨海盐沼的植物的二氧化碳排放。除此之外，碳沉积埋藏也是盐沼湿地蓝碳的重要功臣，地下储碳也是滨海盐沼生态系统中最主要的方式，占比在 60%以上。地下固碳效率更强，时间更加持久，海水潮汐反复冲刷会降低滨海湿地植物凋落物的微生物分解，随着全球气候变暖，海平面的上升，这些凋落物会埋藏进更深的土壤中，实现持续数十年甚至上百年的持续固碳，其单位面积固碳效率远远高于森林碳汇。

相较于淡水湿地，盐沼湿地存在大量硫酸根离子，可以有效降低滨海湿地中的甲烷（CH_4）排放，潮汐也会导致氧化还原频繁发生，同时凋落物等沉积物的埋藏速率与盐沼湿地可溶性有机碳（DOC）、可溶性无机碳（DIC）、颗粒有机碳（POC）交换，这些都在降低滨海盐沼湿地碳排放量方面发挥着重要的作用[71]。

我国的滨海盐沼湿地类型最多、面积最大，分布北起辽宁，南至广西，遍布沿海 11 个省（市、自治区），主要分布在环渤海湾、江苏省沿岸、长江口以及杭州湾等地，其中芦苇湿地分布最广，从辽东半岛最南端可至香港米铺湿地；碱蓬沼泽在北方广泛分布；海三棱藨草沼泽广泛分布于江浙等地；互花米草种群作为外来物种，也在我国滨海盐沼湿地扎根，据人民网数据，其总面积已超过 5.45×10^4 hm^2。

浙江省盐沼湿地主要集中分布在杭州湾，其他部分分布在台州湾、温州湾以及龙门港

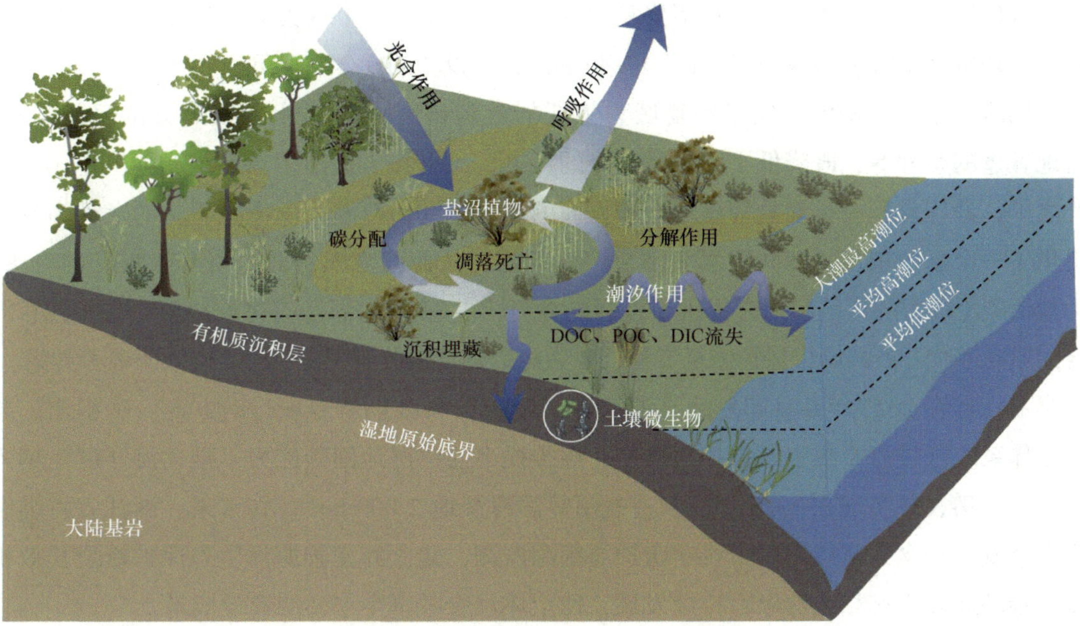

图 4.2　滨海盐沼湿地受潮汐影响的固碳过程[72]

附近，总体呈块状零星分布。杭州湾海岸分布的主要盐沼湿地植被包括海三棱藨草、互花米草和芦苇。这些植被在整个潮滩生态系统循环中扮演着重要的角色，是全球碳库的重要组成部分。自 2003 年以来，杭州湾地区海三棱藨草、互花米草面积有所下降，但芦苇面积大量增加，总体面积呈上升趋势[73]。杭州湾面临滨海湿地生态退化、外来物种互花米草入侵等问题，其中，互花米草入侵影响了滩涂养殖，限制了芦苇、藨草的生长，不利于生物多样性发展，破坏了本土海岸生态系统。作为国家级生态修复重点项目之一，目前，杭州湾积极开展海岸带生态修复，同时，浙江省积极组织开展杭州湾南岸海岸带碳汇调查评估，对揭示海岸带蓝碳关键影响因素、评估核算杭州湾南岸海岸带蓝碳经济价值、制定海洋蓝碳提升方案具有重大意义。

浙江省充分发挥“实干争先，勇立潮头”精神，在国内首创海洋生态预警评价机制，能够提前发现海洋生态系统中的异常前兆，经过可靠的数据分析发出预警，对海洋生态保护意义非凡，同时为海洋生物多样性保护提供坚实保障。此外，浙江省积极推动“蓝碳”生态保护与修复等固碳增汇技术攻关工作。2021 年镇海区海岸带生态修复及海塘安澜工程启动，此项目的难点在于如何清理面积多达 146 hm^2 的互花米草，浙江省通过创新应用生物调控剂除控技术，秉持对生态系统全面分析、陆海协同统筹理念，成功清理了镇海区海岸带互花米草，并且经过对互花米草的生活史、扩张机制等的多年研究，已经形成了一套完整的技术体系[74]。浙江省在海岸带保护修复时，遵循“尊重自然、生态优先”的原则，尊重自然规律，根据不同地区情况开展项目建设。自 2020 年 6 月舟山市海岸带保护修复工程开展以来，舟山大岙实施盐沼修复 10 hm^2，总投资约 3 093 万元；温州飞云江河口实施盐沼修复 2.15 hm^2 和牡蛎礁修复 17.44 hm^2，总投资约 3 047 万元。

同时，浙江省积极开展以修复区为依托的蓝碳研究[75]。舟山六横岛尝试通过芦苇、盐地碱蓬的引种等，既降低了淤泥质光滩的污染，又增强了盐沼生态系统的碳汇作用。除此之外，浙江省积极推动盐沼湿地蓝碳方面的理论研究，西湖大学李凌团队的发现为我们提供了一个新的视角，即间隙水交换会产生碳汇，从而改变人们对盐沼蓝碳收支的看法，为盐沼碳汇能力的评估和提高提供了重要的参考[76]。接下来浙江省将秉持理论与实践相结合的原则继续开展海岸带保护修复工程，并为盐沼蓝碳相关研究提供行之有效的参考方案。

浙江省在 2022 年 6 月印发的《浙江省"蓝碳"科技创新专项行动方案》中提出，要从整体系统推进海岸带生态保护与修复，逐步提高盐沼湿地固碳能力，推动海洋碳汇纳入碳交易范畴，要实现在 2025 年前营造盐沼等滨海湿地 2 000 hm^2。在未来，浙江省将继续贯彻新发展理念，坚持海岸带科学防护与跟踪监测，建立和完善海洋生态保护修复长效机制，推动海洋生态系统健康可持续发展，使全体民众共享生态文明建设成果。

4.1.2.2　红树林

红树林是一种生长在热带和亚热带海岸潮间带的常绿乔木或灌木群落，被称为"海岸卫士"，具有净化海水、消浪护岸、固碳减排等功能，在减少海洋污染，预防海浪侵蚀，维护生物多样性等方面扮演着重要的角色。

据 Rovai 等统计[77]，从碳储量方面来看，全球红树林地上生物量碳密度达 6.6～250.8 Mg/hm^2（以 C 计），沉积物碳密度达 283 Mg/hm^2（以 C 计）。红树林位于海陆交界的潮间带，不同于热带和亚热带陆地森林，潮间带的低氧生境降低了有机物的分解速率，使落叶等有机物未被分解就埋藏下来，而红树林总碳的 50%～90%就存储于地下的沉积物中，碳储量远远高于陆地森林。

如图 4.3 所示，中国的红树林主要分布在南方沿海，包括浙江、福建、广东、广西、海南等省（区、市）以及台湾地区，两广地区红树林分布面积最广，包括木榄群落、秋茄群落、海桑群落等。据陈鹭真等粗略估算[78]，我国红树林总碳储量约为 5.5 Tg（以 C 计），其中仅 27%的碳源自植物生物量，而 73%的碳存在于表层 1 m 土壤中。我国在过去 10 多年间积极推动红树林保护与修复，根据国家林业和草原局的最新数据，到 2020 年，红树林总面积已经有 289 km^2。

浙江省的优质气候以及自然条件十分适合红树林的生长，具有悠久的繁衍历史，在浙南沿海，尤其是台州和温州地区大量种植。目前，浙江全省种植红树林 3 500 亩①，且种

① 1 亩≈666.667 m^2

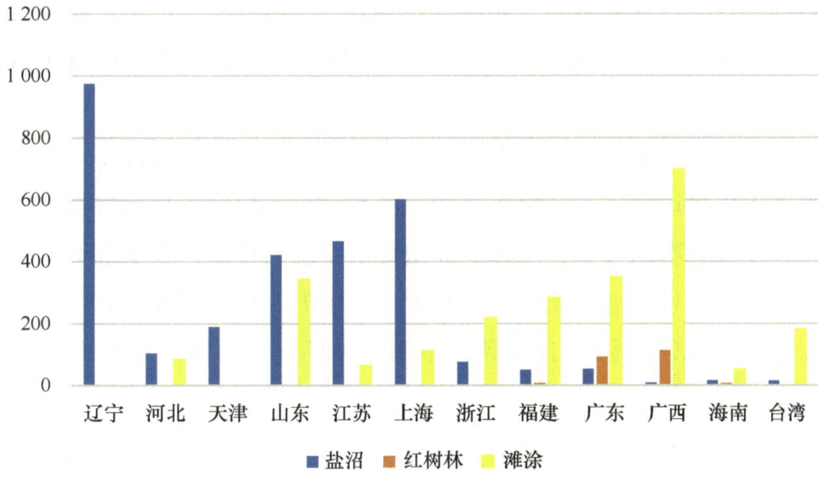

图 4.3 2015 年中国主要沿海省市滨海湿地各类型面积[79]（单位：km^2）

植规模仍在不断扩大，种植方向不断向北延伸。自 2000 年以来，浙江省联合多部门组建红树林研究团队，加大科研经费支持，针对浙江红树林品种单一、抗寒能力差等特点，积极开展耐寒性实验，引进无瓣海桑等红树品种。目前，浙江省农业科学院已经培育出国内首个红树植物秋茄耐寒良种“龙港秋茄母树林种子”，较耐盐碱且病虫害较少，可在-6℃的环境下生长，极大地提高了红树林的耐寒性。

2005 年，经过批准设立西门岛海洋特别保护区后，温州市开始在该区域内广泛种植红树林。2013 年，浙江红树林造林迎来新发展契机，温州市海洋渔业局尝试开展红树林生态补偿，其中涉及清除入侵生物物种后红树林的再造等，进一步提升红树林的固碳能力[80]。现如今，全世界红树林面积在逐年递减，浙江省通过制定规范红树林保护条例，加强红树林资源保护宣传教育，积极推动国际、国内交流与合作，借鉴学习红树林先进修复经验，普及红树林资源保护知识，在保护区适当控制人为活动，树立生态文明理念，划定生态保护红线，从而实现了红树林面积的逆势增长。

2016 年，浙江启动“蓝色海湾”整治行动，经过多年的整治，海洋生态系统环境稳步提升，目前已建成西门岛国家级海洋特别保护区、苍南鳌江口红树林保护区、温州龙湾省级海洋特别保护区以及龙港新美洲红树林湿地公园。现如今沿着蜿蜒的海岸线，已经形成了一排排郁郁葱葱的“海上氧吧”，随处可见树下鱼虾群集，树上白鹭栖息，谱写了一幅人与海洋和谐共生的美丽生态画卷。

4.1.3 渔业碳汇资源

渔业碳汇是指主要利用近海渔业养殖，通过渔业活动固定二氧化碳，减少空气中二氧化碳含量的过程，这个过程被称为“可移出的碳汇”，其中浅海贝类、藻类养殖活动在海洋蓝色碳汇中占主导地位[81]。据联合国《蓝碳》报告数据，渔业碳汇每年可以吸收最多达 1 700×10⁴ t 的二氧化碳。

浮游植物同样是海洋蓝碳的主力军，作为海洋生态系统的基础环节，在海水藻类养殖的过程中，藻类不仅可以固碳，还可以作为药品和食品等原料，兼具经济和生态价值。同时藻类可以用作动物饲料的补充，来减少养殖场内甲烷的排放。藻类还具有成本低，产量高等特点。大型的藻类可以通过光合作用吸收海水中的二氧化碳并且在水域中汲取营养物质，不仅可以溶解无机碳转化为有机碳，净化水体环境，还可以缓解海洋酸化和低氧问题，减轻海洋富营养化等。

贝类的碳汇过程一般分为两个途径：一种是滤食海水中的浮游生物和颗粒有机生物来去除海水中的有机碳，调控水质，增加生物体的碳含量；另一种则是更长久的固碳，贝类通过吸收海水中的碳酸根来形成贝壳以固定一定量的碳，这部分碳重新进入大气往往需要数百万年，海洋中每产生 1 t 的贝类，其形成的贝壳就可固定 0.25 t 的二氧化碳[82]。

高营养盐水体也是渔业碳汇中的重要力量，通过人工上升流技术，将深层水体中过剩的营养盐输送到上层水体，这一过程不仅可以增强生物泵和微型生物泵的效果，还能通过提高生物泵效率，增加海洋中的有机碳含量，是海洋蓝碳的重要组成部分。

我国是率先提出渔业碳汇概念、积极推动渔业碳汇发展的国家，同时我国海洋养殖条件优越，是世界第一渔业大国，也是世界第一水产养殖大国，养殖生物以低营养级的大型藻类生物和滤食性贝类生物为主，养殖结构相对稳定[83]。自 2007 年以来，我国的渔业碳汇能力快速提升，在 10 年间中国海洋渔业碳汇能力增长 25.03%，在这一时期，我国海洋渔业碳汇量以及贝藻养殖产量大幅度增长。2016 年以后，全国渔业碳汇量增长开始放缓，如图 4.4 所示。不管是在海洋渔业碳汇量，还是在贝藻养殖产量方面，福建、山东、辽宁等省份相比于其他沿海省份有较大领先。浙江省在省政府的政策支持下，在近些年保持了良好的增长势头，渔业碳汇能力稳步增长。

我国的藻类养殖产业最早可追溯到 20 世纪 50 年代，经过半个多世纪的发展，现阶段我国藻类产量已跃居世界第一位，每年人工养殖藻类可以从海洋中吸收碳约 33×10⁴ t。我国的贝类养殖产业最早可追溯到 20 世纪 70 年代，到 2020 年，贝类产量已经占海洋渔业总产量的 70%，由此可见，我国的海洋渔业养殖主要是以贝类为主的，贝类的养殖种类主要为牡蛎、蛤类等，养殖品种已超过 30 种，我国贝类年产量已占世界贝类年产量的 60% 以上[85]。

贝藻类养殖作为一种绿色的、可持续的养殖方式，在我国渔业养殖中占据很大的比例，中华人民共和国农业农村部渔业渔政管理局数据显示（表 4.1），2021 年我国海水养殖产量 2 211.14×10⁴ t，其中贝类产量达 1 526.07×10⁴ t，占据整个海水养殖总产量的

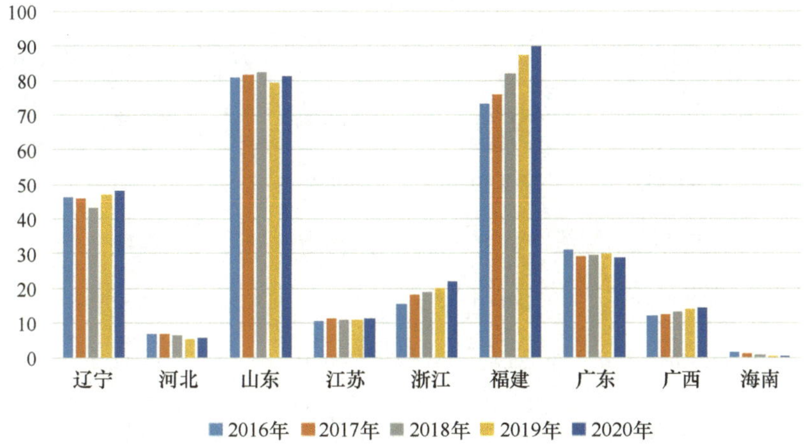

图 4.4 “十三五”时期我国主要沿海省（区、市）海洋渔业碳汇能力[84]（单位：10^4 t/y）

69%，养殖规模仍在不断扩大。如表 4.2 所示，2021 年全年海水捕捞产量 951.46×10^4 t，其中贝类 35.94×10^4 t，同比下降 0.71%。全国捕捞总产量 1 071.24×10^4 t，其中贝类捕捞产量 50.05×10^4 t，海洋贝类捕捞占绝大部分。如表 4.3 所示，2021 年全国总计海水养殖面积 2 025.51×10^3 hm^2，其中贝类养殖面积 1 224.03×10^3 hm^2，藻类养殖面积 140.06×10^3 hm^2，贝藻类养殖面积占海水养殖总面积的 60%。预计到 2030 年，我国海水养殖产量达到 2 500×10^4 t，每年渔业碳汇能力有望最高达 390×10^4 t 左右。

表 4.1　2021 年全国水产养殖产量①

指标	养殖产量/10^4 t	海水养殖		淡水养殖	
		产量/10^4 t	同比/%	产量/10^4 t	同比/%
全国统计	5 394.41	2 211.14	3.55	3 183.27	3.06
鱼类	2 824.66	184.38	5.37	2 640.28	2.08
甲壳类	643.91	185.49	4.5	458.41	7.66
贝类	1 545.67	1 526.07	3.11	19.6	5.2
藻类	272.29	271.46	3.8	0.83	33.3
其他	107.88	43.73	6.05	64.15	11.63

① 表 4.1、表 4.2 和表 4.3 的数据来源于 2021 年全国渔业经济统计公报。

表 4.2 2021 年国内捕捞产量

指标	国内捕捞产量 /10^4 t	海水捕捞		淡水捕捞	
		产量/10^4 t	同比/%	产量/10^4 t	同比/%
全国统计	1 071.24	951.46	0.43	119.78	-17.82
鱼类	737.18	645.15	-0.56	92.03	-17.01
甲壳类	198.45	186.14	2.79	12.32	-23.9
贝类	50.05	35.94	-0.71	14.11	-17.64
藻类	2.05	2.03	-6.69	0.02	-35.98
头足类	58.55	58.55	3.65	—	—
其他	24.96	23.65	4.22	1.31	-13.91

表 4.3 2021 年全国海水养殖面积

指标	海水养殖面积/10^3 hm^2	同比/%	占总面积比重/%
全国统计	2 025.51	1.5	—
鱼类	76.36	-3.19	3.77
甲壳类	300.07	1.66	14.81
贝类	1 224.03	2.22	60.43
藻类	140.06	-1.23	6.91
其他	284.99	0.96	14.07

从海洋渔业养殖的发展角度来说，浙江省海岸线悠长且蜿蜒曲折，海域辽阔，滩淤广布，饵料丰富，有诸如杭州湾、象山湾等多个优良港湾，省内钱塘江等江河携带大量的泥沙以及营养物质堆积在浅海区域，为海洋生物的生长与繁衍，尤其是贝藻类生物，提供了得天独厚的优越条件。浙江省海水养殖碳汇量分析表明，浙江省海水养殖碳汇量在 2005—2009 年持续下降，在 2010 年增长较多，但 2011 年有所回落。据顾波军等测算[86]，2005—2019 年，浙江省海水贝藻养殖碳汇率在 7.9%~8.7%波动，2017 年为最高值 8.71%。近些年来，浙江省贝藻养殖面积呈下降趋势，但贝藻产量和碳汇能力在持续上涨，不管是在海水贝藻养殖效率还是碳汇效率方面都有显著的提升。

自觉的十八大以来，国家越来越重视生态环境建设，浙江省海水养殖碳汇量持续稳固上涨。据向爱等估算[87]，浙江省2020年蓝碳年碳汇量为15.94×10^4 t/a（以C计），其中蓝碳生态系统固碳量占66%，海水养殖碳汇量占34%。海藻喜欢阳光充足的环境，浙江地处亚热带，独特的海洋环境十分适合海藻类植物的生长。浙江省海藻种类非常广泛，以紫菜、海带、羊栖菜、苔菜等为主，紫菜、海带比例占据70%以上。虽然浙江省藻类总产量在全国产量中占比较少，但是苔菜占全国同种类的83%，羊栖菜占68.29%，紫菜占23.53%。随着海藻养殖产业的逐步发展，紫菜栽培与加工也越来越成为浙江省藻类种植的重点，海带的南移也在浙江省试点种植成功。除此之外，浙江省水质水温也十分适合贝类的生长，尤其是舟山渔场受台湾暖流影响，成为贝类生长的栖息地，贝类资源非常丰富。据文献记载，浙江沿岸贝类共641种，且据开源地理空间基金会中文分会报道，仅在南麂列岛海域就已鉴定出贝类421种，兼具广温广布种、亚热带种、热带种和暖温带种，主要贝类为蛏、牡蛎、蚶等[88]。

浙江省在贝类养殖和提高贝类碳汇能力方面具有巨大的潜力，2022年6月印发《浙江省“蓝碳”科技创新专项行动方案》，提出要持续开发渔业碳汇能力，构建中上层以贝藻类养殖为主的多营养层级立体化渔业模式，建立全国首个省域级渔业碳汇联动工程，促进渔业产业绿色化发展，进一步提升渔业碳汇效应。除此之外，浙江省重视生态海洋牧场建设，早在2011年就在舟山东极岛建立海洋牧场示范区和碳汇渔业实验区，通过建设人工岛礁等措施，为贝藻类提供良好的生长环境，提高养殖效率，截至2022年，浙江省已建成11个国家级海洋牧场示范区。浙江省南部沿海的南麂列岛在2012年就实施了大规模的厚壳贻贝增殖放流活动，累计投放4千万颗贝苗种。2015年6月建成南麂厚壳贻贝精品园，养殖规模达151.5亩，不仅提升当地渔业碳汇能力，同时也为当地带来显著的经济效益。此外，温州苍南在今年积极推动开展海洋渔业碳汇交易，每卖出一种渔业产品，就根据其相应碳排放量从中抵扣，从而减轻渔民负担，引导当地渔业养殖绿色转型，从而使沿浦湾渔业养殖有了生态收入。

除此之外，为了进一步提升渔业碳汇效率，我国政府积极推动渔业碳汇学术研究。早在2011年，便就如何在海洋高效发展低碳养殖技术等问题，举办了渔业碳汇与渔业低碳技术工程科技论坛，相关研究院相继挂牌成立。2014年，我国的科学家就完成了对栉孔扇贝和长牡蛎的高密度遗传图谱构建，极大地提升了我国海水养殖贝类全基因组选育的效率和水平。目前，我国科研机构加大对藻类在海洋蓝碳作用中的探索力度。通过预测气候变化对水生生物群体的影响，一直是国际上在生态研究中的难题。随着国内外科研机构对藻类的进一步研究与探索，藻类将会在海洋蓝碳中扮演越来越重要的角色。

浙江省十分注重科技创新，持续在渔业蓝碳领域加大科研投入。2021年，浙江大学海洋学院滨海蓝碳研究团队在大型海藻养殖对气候变化的应对和调节机制方面取得新进展，分析水体 pH 值对海藻生长的重大影响。此外，浙江省积极推进在养殖区实施人工上升流增汇试点，积极调整海洋渔业养殖产业结构，扩大养殖规模，优化养殖品种。随着浙江省政府、科研机构以及相关学者对渔业碳汇的学术研究的进一步深入，必将使我国渔业碳汇技术进一步向前发展，从而提升渔业碳汇能力以及碳汇效率，推动建立科学渔业生产机制，提高渔业生产效率与品质，实现渔业生产生态效益与经济效益双丰收。

4.2 浙江省低碳技术发展现状

浙江省海洋能资源丰富，尤其是潮汐能、潮流能、波浪能以及海洋风能都位居全国前列，据测算浙江省技术可开发海洋清洁能源达 1×10^{8} kW 以上，年可发电量超 5×10^{11} kW·h，海洋清洁能源开发潜力巨大。海洋清洁能源的开发与利用，不但是浙江省实现“双碳”目标、推进生态文明建设、实现人与自然和谐共生的可持续发展的必由之路，更为浙江省打造海洋清洁能源综合利用与开发强省，推进海洋经济高质量发展提供了坚实的基础。浙江省虽然具备开发海洋清洁能源的资源优势、战略条件和现实基础，但与广东等兄弟省份相比，存在海洋清洁能源利用效能不高、开发建设顶层设计不够以及相关人才和资金方面储备不足等突出短板与问题，为此，浙江省要把海洋清洁能源作为未来能源发展的重点，建立统筹协调推进体制，加快打造海洋清洁能源综合利用与开发强省。除此之外，浙江省高度重视发展工业减碳技术、绿色电网技术、氢能源技术以及碳捕集、利用与封存技术（Carbon Capture，Utilization and Storage，CCUS），通过数字经济推动各技术科技创新，一张绿色低碳的画卷正在浙江绘就，为浙江省实现高质量共同富裕示范区提供了坚实的生态保障。

4.2.1 海洋能资源

目前，人类社会的能源消耗大部分来自煤炭、石油以及天然气，这些资源不仅是不可再生资源，而且煤炭、石油以及天然气在燃烧消耗过程中会产生污染气体，严重污染生态环境。各国面临着资源与环境的双重压力，纷纷开始探索研究新能源的开发与应用，而海洋能作为新能源，更是受到世界各国的重点关注。加快海洋能的开发与利用，不仅是我国“双碳”目标的内在要求，也是新时代国家海洋安全的重要保障。

海洋中蕴含着丰富的可再生的动力能源，其中包括潮汐能、潮流能、波浪能和风能等。海洋能主要来自太阳的辐射和月球的引力，具有取之不尽、用之不竭的特点。同时，海洋能作为清洁能源，对环境的污染小，既不会污染大气，也不会产生“温室效应”，是优化改善我国能源结构、保护生态环境、实现可持续发展的必由之路。

（1）潮汐能。

海洋占据地球表面积约71%的面积，受到太阳和月球引力的影响，海水聚集周期性涨落形成潮汐。影响潮汐的因素主要包括太阳和月球的引力，地月系统离心力及海岸和海底的形状等，钱塘江就是受到多种因素的影响，形成了举世闻名的“钱塘江大潮”。

潮汐能是在潮汐运动时产生的能量，受到海水周期性涨落的影响，其水位差形成势能称为潮汐能。潮汐能是人类社会最早利用的海洋动力能源，同时，潮汐能也是人类目前在所有海洋动力能源中利用最成熟的能源。潮汐能发电是指利用河口、海湾等优势地形建筑堤坝、闸门等，蓄积海水形成水库，安装水轮发电机组发电。

潮汐能发电与水力发电原理类似，都是利用水位落差势能来发电，但是潮汐能发电随着每天潮起潮落，周而复始，相比于水力发电具有蕴藏量大、运行成本低、对环境影响小等优势。潮汐能发电需要两个基本条件：一是潮汐的振幅必须达到3 m以上才具备利用价值；二是其海岸的地形必须有储存大量的海水的能力。因单库单向潮汐电站的发电效率低，单库双向型潮汐电站应运而生，涨潮和落潮时都可以发电，大幅度地提高了发电效率。除此之外，还有双库双向型潮汐电站，可以实现全天连续发电。

从20世纪初，欧美国家就已经开始研究潮汐能发电了，世界上第一个商业性质的电站在法国建成，法国于1967年建成朗斯潮汐发电站，该电站采用可以正反向发电的灯泡机组，利用近8 m的潮水落差，几乎可以全天不间断发电，年发电量可达5.4×10^{8} kW·h，至今仍能正常运行发电。1984年，加拿大建成安纳波利斯潮汐试验电站，装有一台2×10^{4} kW世界最大的单向水轮机组，并且采用了新型的密封技术，冷却快、效率高、经济效益高[89]。21世纪以来，韩国凭借着三面环海、海水涨潮落潮时落差大、潮汐能资源丰富、海岸海底地形便于储存海水等有利优势，在潮汐能发电领域异军突起。2007年，韩国江华岛潮汐电站投入建设；2011年，装机容量为25.4×10^{4} kW的始华湖潮汐发电站建成，成为世界上最大的潮汐发电站。近些年来，韩国政府积极推动国内可持续发展，大力发展海洋潮汐能技术，其水平已接近世界先进水平。鉴于新能源低碳发展是未来发展的趋势，许多国家将继续推动潮汐电站建设和潮汐能技术的向前发展[90]。

我国潮汐能资源丰富，蕴藏量约为1.1×10^{8} kW，可开发利用量约$2\,100\times10^{4}$ kW，每年可发电580×10^{8} kW·h[91]。早在20世纪50年代，我国就已经开始了潮汐能的开发与利用，江苏、上海、浙江和福建等沿海省（区、市）陆续开始建设小型电站。到20世纪70年代进入建设高潮期，但是受限于当时的技术条件以及社会经济环境等因素，许多电站存在诸如选址不当、技术条件不匹配等问题，大部分潮汐电站废弃或停建。但浙江江厦电站被很好地保留下来，并成为中国国家级潮汐能电站的一个标志。进入21世纪以来，国家提出可持续发展理念，积极推进新能源技术发展，尤其是推动海洋蓝色能源的发展，我国潮汐电站年发电量超过 1 000 万度，位居世界第三位，但我国潮汐能开发在规模、技术、运行效益和控制成本方面都略显不足，我国已开发的潮汐能资源占可开发量的比例相当小，潮汐能作为清洁能源，在我国开发潜力巨大[92]。

东海是我国潮差最大的区域，平均潮差 4~5 m，这就导致了我国大部分潮汐能资源都集中在浙江与福建沿海。浙江作为海洋大省，海域面积广阔，海岸线长，海湾众多，钱塘江口最大潮差可达 7~8 m，三门湾潮差平均 4 m，乐清湾潮差平均 5 m。钱塘江口、三门湾和乐清湾，这些狭窄的浅海和港湾都是发展潮汐能电站得天独厚的优势条件，潮汐能资源非常丰富，蕴藏量约占全国的一半，可开发潮汐能装机容量占全国的 40%，可在象山湾、乐清湾、钱塘江口和长江口北等地建 10×10^4 kW 级和 100×10^4 kW 级的潮汐发电站。浙江省是我国潮汐能开发历史最早、开发效果最好的省份之一。据“908 专项”海洋能资源评价调查结果显示，在 10 m 等深线的浅海域统计，浙江省潮汐能平均功率密度为 2 702 kW/km^2，钱塘江口潮汐能平均功率密度为 4 865 kW/km^2，乐清湾为 4 761 kW/km^2，尤其是在江厦站附近，潮汐能平均功率密度可达 5 500 kW/km^2 以上。浙江省 500 kW 以上坝址有 19 个，理论装机容量为 964.36×10^4 kW，技术可开发装机容量为 856.85×10^4 kW，技术开发年发电量为 235.60×10^8 kW[93]。

如表 4.4 所示，根据薛碧颖等统计[94]，浙江省大于 500 kW 潮汐能理论装机容量为 964.36×10^4 kW，理论年发电量为 844.36×10^4 kW，大于 200 kW 潮汐能理论装机容量为 856.85×10^4 kW，理论年发电量为 235.6×10^4 kW。三门潮汐电站工程的建成与启动标志着浙江省在海洋能开发利用中已取得重要进展。目前已成功运行的潮汐电站有两座，分别是温岭江厦潮汐电站和玉环海山潮汐电站，装机容量累计 4 150 kW，每年为 700×10^4 kW · h。其中，位于温岭市乐清湾江厦港的江厦潮汐实验电站是我国目前规模最大、技术最成熟的潮汐电站，也是我国第一座双向潮汐电站。2007 年 9 月，六号电机组投产运行，至此，电站安装 6 台双向灯泡贯流式水轮机组，装机容量 4 100 kW，年发电量 $1\ 070\times10^4$ kW · h，规模位居世界第四位，目前已经运营 30 多年，不仅缓解了东部地区电力紧张问题，并且为我国海洋能清洁能源的发展提供了宝贵的借鉴经验。近些年来，江厦潮汐实验电站打造潮汐与光伏协调运行发电的新模式，在库区内安装光伏发电组件，建成全国首座潮光互补型光伏电站，此外，江厦潮汐实验电站注重数字化、信息化建设，建立设备预警模型，利用无人机巡航、定位故障、分析报告等，值守人员可以借助智能化设备实现远程分析故障。江厦潮汐实验电站设计和建造的过程，没有造成大规模的环境污染，没有迁移居民，不影响当地生态平衡，很好地保护了当地的生态环境，为我国乃至世界潮汐电站的建设提供了借鉴经验[95]。

表 4.4 我国近海潮汐能资源站址资源统计[94]

省份	大于 500 kW 潮汐能					大于 200 kW 潮汐能		
	站址/个	蕴藏量		技术可开发量		站址/个	技术可开发量	
		理论装机容量 /10^4 kW	理论年发电量 /10^8 kW·h	理论装机容量 /10^4 kW	理论年发电量 /10^8 kW·h		装机容量 /10^4 kW	年发电量 /10^8 kW·h
辽宁	24	59.21	51.85	52.63	14.68	53	59.6	16.4
河北	1	0.1	0.05	0.09	0.02	20	1	0.21
山东	13	20.28	17.72	17.99	3.6	24	12.4	3.75
上海	1	79.78	69.87	70.91	19.5	2	70.5	22.8
浙江	19	964.36	844.36	856.85	235.6	73	891.3	266.9
福建	64	361.78	1192.3	210.46	332.87	88	1 033.2	284.1
广东	23	39.7	34.73	35.26	9.7	49	57.2	15.2
广西	16	39.53	34.61	35.15	9.66	72	39.3	11.1
海南	10	4	3.48	3.57	0.98	27	9.1	2.3
合计	171	1 568.74	2 248.97	1 282.91	626.61	408	2 173.6	622.76

浙江省在潮汐发电领域积累了丰富的技术经验，包括开发、建设、启动、运营和管理等相关方面的经验，并且在全国范围内处于领先地位。优越的潮汐能开发条件缓解了浙江作为经济大省的用电压力，对优化浙江电力结构，发展海洋能等清洁能源具有重大意义。加强技术研发，迭代开发模式是实现潮汐能高效可持续利用的必经之路。在未来，浙江将进一步加大资金投入，落实扶持政策支持并且加大对国外先进的潮汐能技术的研究与借鉴，从而进一步促进自主研发，推动浙江省成为国内潮汐能技术开发与利用的领头者。

（2）潮流能。

潮流能是受到月球、太阳引力影响导致海水周期性涨落形成的动能，潮汐是海水涨落潮的垂直运动，而潮流是海水涨落潮的水平运动。潮流能的主要利用方式也是发电，潮汐能需利用地势落差的潮汐涨落发电，而潮流能则无地势要求，潮流能利用海洋洋流动能，两者的发电方式有着根本的区别。潮流发电机与风力发电机原理类似，包括水平轴式、垂直轴式、坐底式和悬浮式等。一般来说，因为潮流能发电装置在潮流速度为 0.8 m/s 时才会启动，所以海水最大流速 2 m/s 以上的区域才适合进行潮流能发电，但潮流波在狭窄海岸海峡处流速可超过 2 m/s。

欧洲是全球较早开发潮流能资源的地区，20 世纪 90 年代，欧洲各国便开始大范围开发潮流能。1994 年，苏格兰试验，了一种水下风车式潮流装置。之后 MCT 公司推行“水下风车”项目，建立了世界上第一个商业用途潮汐涡轮机，推动了潮流能开发的商业化发展，此后，全球潮流能开发进入快速发展时期。2003 年 6 月，英国西海岸布里斯托尔海湾研发出一台 300 kW 的实验装置，潮汐发电已与国家电网连接。2003 年，挪威在哈默弗斯特采用海底式结构建成 300 kW 潮流电站，总容量 6 000 kW。2008 年，爱尔兰为提升潮流发电效率，研发“openhyydr”驳船，使运输按照发电装置变得更加便捷，推动了潮流能的利用和开发[90]。近年来，随着国际巨头公司等纷纷投资进入潮流能领域，激烈的商业竞争进一步推动了潮流能的产业化进程[96]。

我国可利用的潮流能储量非常丰富，但分布不均匀，如表 4.5 所示。从各省份的潮流能资源蕴藏量和技术可开发量来看，浙江省沿岸是潮流能资源最为丰富的省份，浙江、福建沿海都是世界上潮流能最丰富的地区之一。我国潮流能的开发最早可以追溯到 1958 年，广东和山东开展了潮流能发电试验。直至 20 世纪 80 年代，很多沿海省份都利用海峡、海湾等进行潮流能发电。近些年来，我国加大了海洋能资金的投入，相关科技计划纷纷落地，使我国成为世界上极少数可以掌握规模化开发利用潮流能的国家。截至 2021 年，我国潮流能总装机规模已达 3 820 kW，居全球第二位，2022 年我国首台兆瓦级潮流能机组投入并网运行[92]。

表 4.5　我国近海潮流能资源统计[94]

省份	蕴藏量		技术可开发量		理论平均功率/MW
	理论装机容量 $/10^4$ kW	理论年发电量 $/10^8$ kW·h	理论装机容量 $/10^4$ kW	理论年发电量 $/10^8$ kW·h	
辽宁	29.9	26.19	5.98	5.24	1 131
河北	—	—	—	—	—
山东	117.13	102.61	23.43	20.52	1 178
江苏（含上海）	56.37	49.38	11.27	9.88	305
浙江	516.77	452.69	103.35	90.54	7 091

续表

省份	蕴藏量		技术可开发量		理论平均功率/MW
	理论装机容量 $/10^4$ kW	理论年发电量 $/10^8$ kW·h	理论装机容量 $/10^4$ kW	理论年发电量 $/10^8$ kW·h	
福建	46.7	40.9	9.34	8.18	1 281
广东	33.65	29.48	6.73	5.9	377
广西	2.31	2.02	0.46	0.4	23
海南	30.55	26.76	6.11	5.35	282
合计	833.38	730.03	166.67	146.01	11 668

据“908”专项，我国潮流能资源理论装机容量为 833×10^4 kW，其中浙江省近海理论功率密度为 519×10^4 kW，占全国总量的一半以上，除理论储存容量外，浙江省潮汐能的技术可开发容量也是遥遥领先于其他省份。浙江省沿岸潮流能资源 96%集中于舟山海域和杭州湾湾口，其中，龟山航门、西堠门水道、杭州湾北部都是潮流能丰富的地区，实测最大流速可达 3.4 m/s。除此之外，这些地区离岸近，海况平稳，可选址范围大，并且海岸多为基岩海岸，是最适合我国开发利用潮流能的地区[95]。

舟山海域是我国开发潮流能较早的地区之一，建于浙江省岱山县龟山水道的“万向Ⅱ”是世界上首座海底立轴水轮机式海上潮流电站，为世界开发水下潮流能发电机组积累了丰富的经验。“海能Ⅲ”号机组于 2013 年在岱山海域开展海试，安装方式为漂浮式，装机容量达 600 kW[97]。

LHD 潮流能示范平台于 2016 年 8 月在舟山秀山岛海域实现并网发电，仅一个月后就并入了国家电网。LHD 发电装置就是在海底造一个大架子，在检修和更换元件时，只需更换卡在架子中的零部件。截至 2022 年 2 月，项目已完成三代机组并网发电，总装机容量 1.7 MW，累计上网电量超 167 万度，发电站已连续并网运行超 57 个月，并网时间居世界之首。2023 年 2 月，世界最大单机 LHD 1.6 MW 潮流能发电机组“奋进”号已在秀山岛海域启动下海，并入国家电网，年发电量可达 200×10^4 kW·h，减少二氧化碳排放 1 994 t。LHD 潮流能发电项目不仅是世界上首座海洋潮流能发电站，也是目前全球海洋潮流发电单模块功率最大的发电机组，更是世界上在持续稳定发电方面并网时间最长的潮流能发电项目，获得国际国内专利 60 多项[98]。

在潮流能开发方面，浙江省积极与国内高校开展合作，LHD-1000 垂直轴技术和浙大半直驱水平轴技术已达到国际先进水平，除哈尔滨工程大学研发的“万向”系列外，

2007 年，浙江大学研制的国内第一台水平轴“水下风车”发电成功；2010 年，浙江大学研制出了世界上首台液压传动变桨式潮流发电机组；2014 年，依托于“水下风车”技术，浙江大学潮流能发电实验平台实验运行。从最初研制的 30 kW、60 kW 和 120 kW，到最近浙大研制出的国内单机发电功率最大的 650 kW 大长径比高效水平轴潮流能发电机组，高校的科研支持以及不断的技术革新，都为浙江省潮流能的开发注入一针强心剂。随着浙江省政府越来越重视潮流能开发与利用，积极营造推动潮流能发电的营商氛围，完善潮流能发电激励机制，促进潮流能发电技术进步，提升发电效益，浙江省潮流能发电必将走在全国乃至世界的前列。

（3）波浪能。

波浪能是海洋能的主要资源之一，是海水主要由风引起周期性水平运动时产生的动能与势能的总称。海洋波浪主要是由风能带动的，所以波浪能是很好的可再生清洁能源。波浪能具有蕴藏量大、能量密度较高、分布面广等优点，这些优点都有利于波浪能发电。通常波浪能发电要经过三次转换，首先是将波浪能吸收，然后布置能量转换装置，将波浪能完成第一级转换，最后是发电装置，将波浪能转换为电能。

对波浪能真正有应用价值的开发兴起于 20 世纪 60 年代，日本实现商品化生产导航浮标供电的振荡水柱式发电装置；至 20 世纪 80 年代，英国、挪威、日本加大了对波浪能转换装置的研究，挪威建立了一座喇叭口收缩波道式聚波水库波力电站，装机容量 350 kW，至 1991 年已发电 700×10^4 kW · h；到 20 世纪 90 年代，日本安装了 60 kW 的波浪能发电装置；至 21 世纪后，波浪能技术的进一步发展使利用波浪能大规模发电成为可能，英国的“海蛇”和丹麦的“波龙”成为世界上具有代表性的波浪发电装置。

我国近海波浪能分布极不均匀，平均波功率密度总体呈现由南到北递减的趋势，东海海域年平均波功率密度为 3～10 kW/m，南海海域是我国波浪能资源最为丰富的地区，最大平均波功率密度可达 20 kW/m。浙闽沿岸，广东东部以及山东半岛南部沿岸都是我国波浪能开发利用较为理想的区域，根据薛碧颖等统计，如表 4.6 所示，浙江、福建、广东和海南等省沿岸的波浪能资源较多。

表 4.6 我国近海波浪能资源统计[94]

省份	蕴藏量		技术可开发量		理论平均功率/MW
	理论装机容量 /10^4 kW	理论年发电量 /10^8 kW · h	理论装机容量 /10^4 kW	理论年发电量 /10^8 kW · h	
辽宁	53.29	46.68	18.46	16.17	255.1
河北	10.54	9.23	9.95	8.71	143.6

续表

省份	蕴藏量		技术可开发量		理论平均功率/MW
	理论装机容量/10^4 kW	理论年发电量/10^8 kW·h	理论装机容量/10^4 kW	理论年发电量/10^8 kW·h	
天津	1.45	1.27	1.37	1.2	—
山东	87.64	76.77	48.38	42.38	1 609.8
江苏	32.84	28.77	9.43	8.26	291.3
上海	20.77	18.19	16.01	14.02	164.8
浙江	196.79	172.39	191.6	167.84	2 053.4
福建	291.07	254.98	291.07	254.98	1 659.7
广东	464.64	407.02	455.72	399.21	1 739.5
广西	15.26	13.37	8.11	7.1	72
海南	425.23	327.5	420.49	368.35	562.8
合计	1 599.52	1 356.17	1 470.59	1 288.22	8 552

从蕴藏量角度来说，广东省波浪能理论装机容量为464.64×10^4 kW，海南省为425.23×10^4 kW，福建省为291.07×10^4 kW，浙江省为196.79×10^4 kW，其他省（区、市）较少。20世纪60年代，我国开始了波浪能的研究，20世纪80年代达到研究高潮，全国各地十几家研究所纷纷开展对波浪发电装置的研究，经过我国科研人员的不懈努力，我国成为世界上少数几个研究波浪能开发的国家之一，其中，微型波发电技术已经趋于成熟，小型岸式波力发电技术已进入世界先进行列。目前，我国采用振荡体式、单机容量最大的是由中国科学院广州能源所研制的0.5 MW的“舟山”号和“长山”号。

浙江省是我国沿海省份中波浪较大的区域之一，波浪能储量居全国第二位，仅次于台湾地区，东福山、渔山和大陈等近海岛屿都是著名的大浪区，平均波功率密度约为3.5 kW/m以上。据“908专项”研究调查，浙江省波浪能理论装机容量为196.79×10^4 kW，理论年发电量为172.39×10^8 kW·h，技术可开发装机容量为191.60×10^4 kW，技术可开发年发电量为167.84×10^8 kW·h。

浙江省积极开展波浪能的开发与利用，“浮力摆式”波浪发电装置开发与研制取得明显进展，其技术发展总趋势是：效率逐渐提高，输出进一步稳定，布放方式由固定到漂浮，建设成本不断降低，应用范围从单一发电拓展到多样化发电。浙江大学海洋电子与智能系统研究所纳米能源研究团队利用气球制造出多倍频率的高性能摩擦纳米发电机，可以收集海浪能量，而这种发电机的传感器件能够对海浪的振动作出反应，为我国探究波浪能开发利用和海洋环境下分布式传感网络的构建具有重大意义。此外，仅需波浪高 0.3 m 就能发电的“绝酷”波浪能发电测试项目，在浙江省舟山市嵊泗县开始为期一年的海试。浙江省作为我国海岛最多的省份，接下来将注重拓展波浪能发电在近海岛屿的利用，将波浪能发电的电力并入海岛电网，解决岛上居民用电难题。海洋能是浙江省未来能源结构布局的重要一环，研究开发波浪能前景十分广阔。

（4）海洋风能。

风力发电是发展最快的绿色清洁能源之一，近些年来受到世界各国的重点关注。因为陆地风场存在占地面积大，噪声污染等问题，而海洋风力资源丰富，海洋迅速成为新的风力发电新场地。除此之外，海洋风力发电相比于陆上风力发电还有不少优势。首先，陆地地面存在障碍物，而海洋则较为平整，这使海洋风力大且较为稳定，海洋风能产电量高，有效地降低了发电成本；另外，海洋风力发电还拥有风力机组寿命长，不受噪声、电磁的影响，安全无污染，对周边环境影响较小等优点。

欧洲是全球最早开始研究应用海洋风电的地区，也是世界上装机数量最多、技术最成熟的地区。2020 年，欧洲海上风电装机容量累计达 24.8 GW，占据全球总装机容量的 70%以上，其中，英国海上风电总装机容量长期占据世界第一位，海上风电总装机量占据全球的 40%。2021 年，欧洲海上风电装机容量新增 3.4 GW，其中，英国、荷兰和丹麦分别新增 2 317 MW、392 MW、605 MW。受俄乌局势影响，欧洲能源持续紧张，预计 2022—2025 年，欧洲海上风电装机容量的年增长将不低于 3.5 GW，到 2030 年，欧洲海上风电装机容量将达到 64~84 GW，海上风电将承担欧洲 7%~11%的社会用电量[99]。

从经济角度出发，当风速大于 4 m/s 时才有应用价值，我国沿海风力资源极为丰富，沿海地区都为季风气候区，北部沿海为温带季风气候，受气压影响在春、冬两季风力强劲，夏、秋两季风力较小，而东部和南部沿海为亚热带季风和热带季风气候，受到热带气旋的双重影响，台风登陆伴随着大风，夏、秋季节是风力发电的最佳时间，但同时强台风也可能会摧毁风电场。我国沿海地区年平均风速普遍大于 3 m/s，大部分近海岛屿在 5~8 m/s 以上，东海是我国风能资源最为丰富的地区，其中台湾海峡平均风速在 8.5 m/s，浙江中南部沿海平均风速在 8 m/s，如表 4.7 所示，尤其是江苏、浙江、福建等省份，无论是海洋风能蕴藏量还是技术可开发量都在沿海省份中名列前茅。如图 4.5 所示，在海洋风电“十四五”规划目标中，浙江省提出至少新增 5×10^7 kW · h 的海洋风电装机容量，山东等省份提出至少新增 1×10^8 kW · h 的海洋风电装机容量。我国沿海海洋风能年有效风能功率密度在 100~200 W/m^2 以上，部分沿海岛屿如大陈、嵊泗等可达 500 W/m^2 以上。我国应用风力发电较迟，20 世纪 90 年代后，陆地风电场建设进入快速发展时期，海上风力发电仍然发展较慢。2007 年，我国首座海上风力发电站在渤海绥中油田建成运行。2010 年，上海东海大桥海上风电场成功并网发电，其中，34 台单机容量 3 MW 达到国际先进水平的风电机是由我国全自主生产的，该海上风电场不但成为我国海上风电发展的标杆，也是除欧洲地区外世界上首个海上风电项目。现如今，我国已成为全世界风电设备制造大国和风电装机容量最多的国家，截至 2021 年年底，我国海上风电累计装机规模达 26.39 GW，位居全球第一位[100]。

表 4.7 我国近海海洋风能资源统计[94]

省份	蕴藏量		技术可开发量		平均风功率密度/（W/m^{-2}）
	理论装机容量 /10^4 kW	理论年发电量 /10^8 kW · h	理论装机容量 /10^4 kW	理论年发电量 /10^8 kW · h	
辽宁	7 980.8	7 008.0	4 411.6	2 245.9	148
河北	1 947.9	1 664.4	568.6	170.6	115
天津	86.0	87.6	11.0	6.1	81
山东	12 828.7	11 212.8	7 299.0	3 754.6	151
江苏	17 712.6	15 505.2	12 610.8	8 389.1	201
上海	2 321.1	2 014.8	1 631.0	1 127.7	183
浙江	7 550.0	6 657.6	5 001.5	2 915.9	188
福建	17 335.7	15 154.8	13 305.9	8 766.2	363
广东	13 152.9	11 563.2	8 107.7	4 517.6	182
广西	4 741.9	4 117.2	2 970.5	1 639.7	180
海南	2 658.8	2 365.2	1 116.7	593.0	124
合计	88 316.4	77 350.8	57 034.3	34 126.4	

浙江省海岛众多，拥有较为丰富的风力资源，为开发海洋风能提供了优越的条件，沿海风能带包括杭州湾西部及沿岸、大陆海岸带以及近岸大岛。浙江近海和离大陆较远的海岛地区是近海风能区，也是浙江风力资源最好的地区。大多数岛屿风速在 5 m/s 以上，平均风功率密度一般在 300~400 W/m^2，海岛的有效风速小时维持在 6 000~7 000 h，占全年总时数的 70%~80%。

但与其他沿海省份相比，海洋风电装机容量仍较少。2021 年浙江省海洋风电装机容量

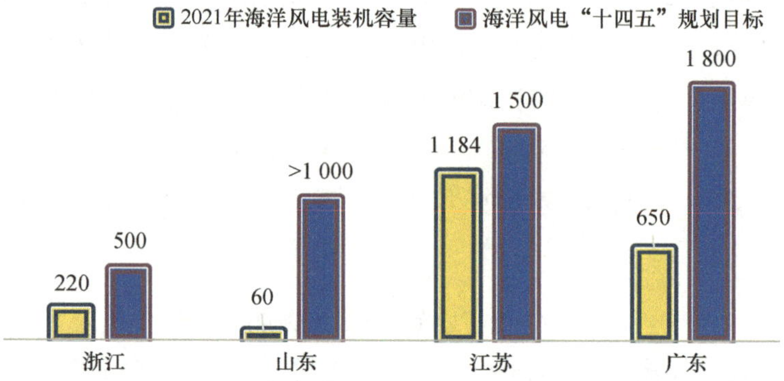

图 4.5　2021 年全国沿海主要省份海洋风电装机容量及“十四五”规划目标一览

（单位：10^4 kW）

为 220×10^4 kW，海洋风电“十四五”规划目标为 500×10^4 kW，具有巨大的开发潜力。据“908”专项调查，浙江省风能理论装机容量为 7 550.0×10^4 kW，位列全国第六位，技术可开发装机容量为 5 001.5×10^4 kW，位列全国第五位。浙江省海洋风能丰富的海域主要集中在舟山群岛附近海域，杭州湾海域以及温州市东南部海域等。

如图 4.6 所示，虽然风力发电在浙江省所占比重较小，但近些年来，浙江省充分利用海洋能资源促进开发海洋风力发电。如图 4.7 所示，截至 2023 年，浙江省风力发电在 5 年时间里实现了从 0 到 300×10^4 kW 的突破，尤其是在 2021 年，当年新增装机容量超 150×10^4 kW，如此快速的发展，离不开风电和海洋能等相关海洋清洁能源装备制造业的支撑。浙江省不但培育了浙江日风、日月重工等企业，还招引了如金风科技等国内许多头部新能源企业，形成了以正泰新能源为龙头的一批海洋数字经济产业和企业。2017 年 6 月，浙江省首个海上发电厂项目，同时也是我国单机规模最大的海上风电项目——国电舟山普陀 6 号海上风电场首台机组顺利并网发电，总装机量 252 MW。2019 年 4 月，该项目克服了强台风、大涌浪、厚淤泥等不利条件，全部建成并网，实现“零”的突破。在此带动下，一批海上风电项目相继核准、开工，浙江省海上风电进入规模化发展阶段。浙能嘉兴 1 号海上风电厂项目是目前浙江省规模最大的海上风电工程，规划装机容量 300 MW，该项目在 2018 年年底开工建设。截至 2020 年年底，全省累计核准海上风电项目 14 个，核准装机容量 408×10^4 kW，其中并网装机容量 45×10^4 kW。

浙江省在科学规划风力发电的基础上，进一步制定和完善鼓励风力发电产业发展的政策，充分借鉴吸收国外风电场建设的成功经验，加大相关技术研究，依托省内高校开发近

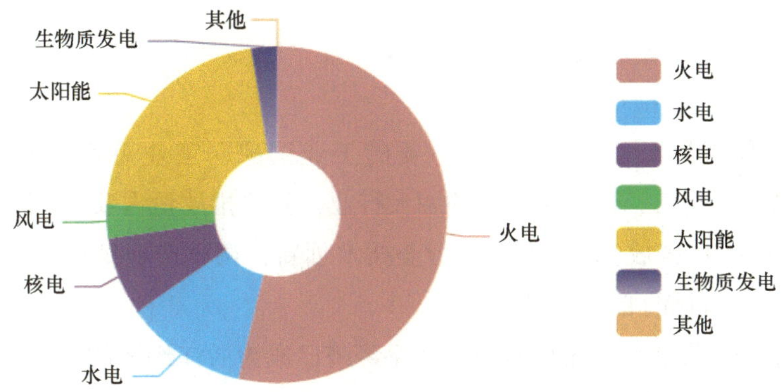

图 4.6　2023 年浙江省电源结构占比①

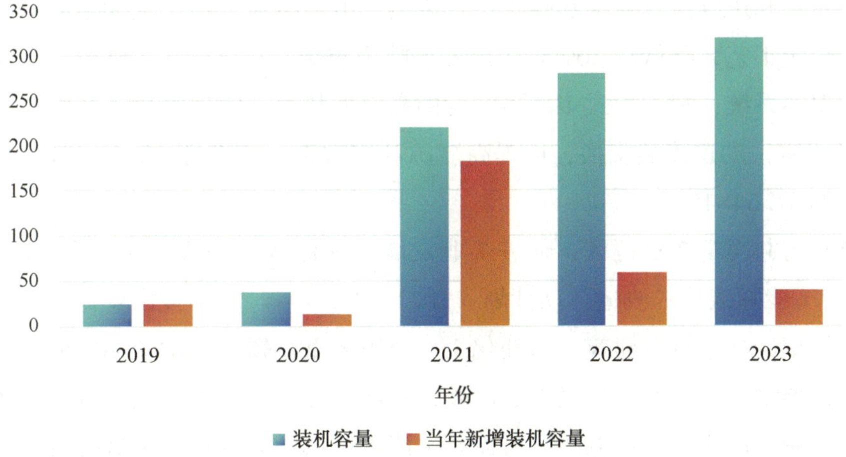

图 4.7　近 5 年浙江省海洋风电装机容量及当年新增装机容量一览②

海风电岩土工程灾变防控技术，破解风电工程易受台风影响难题，抗台风能力达 14 级以上；研发了亚洲最大容量海上直驱风力发电机，依托数字经济，融合大数据、物联网、人工智能等，建成全省首个平价海上风电项目——临海风光储一体化项目。浙江省在《浙江省可再生能源发展“十四五”规划》中提出，要实现海上风电新增装机容量 450×10^4 kW 以上，累计要达到 500×10^4 kW 以上。

① 数据来源：国家能源局、中国电力企业联合会、国家电网有限公司。
② 同上。

4.2.2 工业减碳技术

我国是“世界工厂”，是世界上最主要的工业国家，工业总产值约占世界总量的30%，钢铁、有色、化工、建材是我国的四大行业，其碳排放量占我国总碳排放量的39%（不包括工业用电间接排放）。促进这些行业技术创新，调整产业结构，是促进工业碳中和，实现“双碳”目标的必由之路。

浙江省数字经济发展位居全国首位，数字经济已成为浙江经济的主引擎，创立数字化改革引领推动工业绿色低碳转型的新路径。湖州市供电公司在全国首创“工业碳效码”，利用大数据做支撑，通过大数据运算进行碳排放分析和碳达峰场景模拟，用数据驱动的方式助力政府和企业对工业减碳的精准分析、科学决策以及促进企业绿色转型[101]。浙江某短流程钢铁企业利用电弧直接加热钢水熔化废钢，电炉熔池平稳，极大地降低了变压器容量，相比于传统工艺，降低约30%烟尘产量、吨钢减排二氧化碳约120 kg。宁波市某石化企业建立低温热系统，利用板式多通道结构的高效换热器，实现废热空气排放（间质）和新风补充（间质）的逆流热交换，以提高能源利用效率，年节能 12.69×10^4 t 标准煤，减排二氧化碳约 31.64×10^4 t。

浙江省作为共同富裕示范区，促进工业发展与环保减碳齐头并进，在2022年印发的《浙江省工业节能降碳技术改造行动计划（2022—2024年）》中提出要促进浙江省制造业向绿色低碳转型，在钢材、建筑、石油化工、纺织等重要领域推动使用绿色低碳工艺，生产技术创新，推动制造业的绿色发展。此外，浙江省还实施技术攻关和推进节水减碳技术装备的推广应用，以应用绿色低碳的可循环生产工艺装备为重点，引进开发电能替代等先进低碳技术，发展高效光伏发电，因地制宜发展利用海洋能可再生能源，促进新能源推广应用。

4.2.3 绿色电网技术

绿色电网是一种节省资金、保护生态环境、标准规范、工艺领先、经济有效的全新供电方式，相比于传统的电网，绿色电网更加安全，效益更高。绿色电网发、输、配、用的全过程都是标准化统一的，过程环环相扣，从而减少电力浪费。绿色电网采用高压输电、大截面导线和直流输电等先进技术来提高输电容量。除此之外，绿色电网采用新材料、新工艺、新技术来调整完善电网系统，既能提升电网的安全性和经济性，又能促进节能减排。

浙江省通过建设新型绿色电网推广清洁能源，将“系统调节能力提升”作为破题要旨和核心任务，以多元融合高弹性电网为路径建设新型电力系统省级示范区，2021 年，浙江省光伏发电功率首次突破 1 000×10^4 kW，太阳能占据全省超 1/7 的用电份额。在互联网时代，浙江省积极推进多元融合高弹性电网建设，致力于构建以新能源为主体的新型绿色电力系统，通过特高压工程高效利用外来电，实现了省内清洁能源的 100%消纳。海宁市尖山新区通过创建电源、电网、负荷、储能一体化，成为解决风电、光伏的随机性的典范，是我国首个“源网荷储一体化示范区”，新能源年发电量达 5×10^8 kW·h，实现减碳 50×10^4 t。宁波梅山“国际近零碳排放示范区”是国内首个绿电交易试点，通过探索绿电碳排放使用权等交易服务，利用市场来推动减碳，交易电量达到 1 400×10^4 kW·h，实现更加清洁低碳的港口用能。浙江省建设全国首家国家绿色技术交易中心，促使绿色技术交易以及技术标准规范化、体系化，累计完成绿色技术交易 261 项，成交金额达 4.3 亿元，从而打造面向全国的绿色技术交易综合性服务平台。杭州将亚运场馆和亚运村等纳入绿电交易，试点应用“光伏+储能+热泵+直流智慧家电”等技术，储备 3×10^8 kW·h 绿色电力，推动“零碳亚运”目标。浙江省能源大数据中心借助政企共享平台，开发“节能降碳 e 本账”等 30 余项能源数据产品，预警“省—市—县”三级能耗指标监测。

浙江省率先引入“能源碳码”，实现了企业碳排放的可追溯性。除此之外，浙江省提升舟山柔性直流输电最大输送功率；绍兴市将易过载的线路电流通过挤压和分流的方式转移到承载力更大的线路上，以减轻过载的压力；在外来电的输送中积极发展特高压交流环网，提升跨区域送电能力以及跨区域抗风险能力。在浙江，政府和企业统筹规划绿色电网低碳发展战略，各市积极采取措施，为实现电力资源节能减排，实现可持续发展打下了坚实的基础。

4.2.4 氢能源技术

氢能源是一种清洁高效的新能源，氢气作为燃料具有“可储存”“零污染”“零排放”等优点，氢能源是“双碳”目标的重要推动力以及解决能源危机的重要资源，因此，日本、美国以及欧洲等多个国家纷纷制定氢能源发展战略，推动氢能源技术发展。目前，我国氢能源主要应用在交通、电力、冶金等领域。

浙江省在绿色氢能开发利用方面具有先发优势，众多核心方向的基础理论研究和关键技术攻关皆处于国内领跑地位。作为国家清洁能源的示范省，非常重视氢能在省内的布局发展，通过推进氢能领域的科技协同创新，从而实现氢能源全产业链联动发展。在电解水制氢方面处于国内第一梯队，对新型制氢技术的研究及氢储运技术的研究走在国内前列。浙江大学、浙江巨化装备工程集团有限公司和北京海德利森科技有限公司联合研制高能低成本的系列大容积全多层储氢高压容器，其中全球容积最大的 50 MPa 储氢容器

（容积为 7.3 m^3）应用于北京冬奥会和南海瀚蓝松岗站等多个加氢站；浙能集团牵头联合浙江大学、北京航天一〇一所等率先在国内开展了民用液氢技术研究，示范推动产业链研究。

嘉兴是浙江省氢能产业发展首批试点城市之一，嘉兴港区作为嘉兴市氢能产业的示范区，大力推动建设长三角氢能科技园，全面布局氢能产业，成为与长三角联动的重要节点，全力打造全国性氢能先进制造业基地。嘉兴平湖樱花站是国内首座液氢油电综合供能服务站，设有 14 m^3 液氢储罐，嘉兴已推广运营氢能公交 100 多辆，行驶里程数已超过 200×10^4 km，成为全国应用氢能公交的典范。在推动氢能产业聚集的同时，嘉兴港区全力推动氢能产业数字化建设，利用云计算、大数据等搭建氢能工业互联网平台，实现产业数据共治、共享、共用，推动氢能产业变革。浙江省发挥嘉兴港区作为长三角和环杭州湾氢走廊核心节点的作用，带动省内氢燃料电池汽车发展以及氢能源相关产业集聚，从而使浙江省成为氢能源创新应用示范先行地。

4.2.5 CCUS 技术

CCUS 技术是指碳捕获、利用与封存技术，与 CCS 相比，CCUS 将生产过程中排放的二氧化碳进行提纯，循环再利用，并非简单地封存。CCUS 主要应用于燃煤发电等火力发电厂以减少碳排放，火力发电碳排放具有排放量大、碳排放比较集中、易捕获等特点，因此是世界上较早应用 CCUS 技术的产业。此外，CCUS 还应用于工业领域以减少钢铁和水泥的使用。在“双碳”目标的推动下，CCUS 成为各行各业实现低碳发展，推进绿色转型的新技术方向，2021 年，我国首次将开展 CCUS 重大项目示范纳入国家“十四五”规划，各地随后陆续推出支持政策，CCUS 进入快速发展的新时期。

浙江省以“双碳”为行动目标，推动 CCUS 技术科技创新，在 2021 年印发的《浙江省碳达峰碳中和科技创新行动方案》中提出要将 CCUS 技术创新作为重大科技攻关项目，使 CCUS 技术成为浙江省实现“双碳”目标的重要保障。2021 年 9 月，浙江大学湖州研究院碳中和 CCUS 研发中心正式挂牌，主攻 CCUS 的核心技术，积极与企业开展合作，推动 CCUS 产业化发展，浙江大学和国能新能源技术研究院合作开发新一代混合胺吸收剂，已成功应用于国家能源集团泰州电厂 50×10^4 t/y CCUS 示范项目；浙江大学与浙江工业大学利用双循环流化床反应装置原位捕集煤和生物质气化二氧化碳来制取高纯氢，打造设计 1 MW 并置式双循环流化床化学链气化反应装置；浙江大学牵头并联合鄂托克旗螺旋藻产业园，打造利用二氧化碳实施微藻转化的示范工程，年固碳量约 1×10^4 t；在国家重点研发计划项目支持下，浙江大学和河南焦作强耐公司合作将焦作一个高压蒸汽养护混凝土砖设施改造成二氧化碳养护设施，通过养护二氧化碳来增强砖块的力学性能，全年可生产 20×

10^4 t 砖块，年固碳量约 1.1×10^4 t。

中海油浙江丽水 36-1 气田于 2014 年 7 月投入运营，该气田共有 4 口生产井，年捕碳量约 25×10^4 t；浙能兰溪碳捕集与矿化利用集成示范项目是浙江省重点研发项目，也是我国七大 CCUS 项目之一，实现全球首次把低能耗二氧化碳两相吸收剂及污染物协同控制装置应用于工业示范，捕集二氧化碳能耗处于国际先进水平，项目设计规模为每年捕集 1.5×10^4 t 二氧化碳。2022 年 11 月 2—3 日，第一届 CCUS 技术大会在杭州召开，大会主题为“CCUS 技术创新支撑碳中和目标实现”，浙江大学以及浙江工业大学等多个高校、科研院所以及企业积极参与，对 CCUS 技术发展与创新展开了积极探讨。相信在不远的未来，CCUS 技术会成为浙江省实现“双碳”的重要推动力，从而推动浙江省实现人与自然和谐发展，为建立高质量发展共同富裕示范区提供生态保障。

4.3 小结

浙江省作为海洋大省，21 世纪以来，在海洋经济低碳发展方面取得了长足的进步，丰富的海洋碳汇资源和海洋能资源为海洋蓝色碳汇的长效发展奠定了坚实的物质基础。此外，海洋生态系统多样、海洋生物资源丰富、海洋清洁能源开发潜力巨大等优势条件，都对提高海洋生态系统碳汇能力，推动海岸带生态系统高水平保护发挥着重要作用。同时，浙江发达的民营经济和开放的金融环境也为海洋经济低碳发展提供了良好的环境，早在 2010 年杭州市就被评为全国首批低碳试点城市，十几年来，浙江省围绕绿色发展主题，依托数字经济优势，优化调整产业结构和能源结构，对工业、交通等重点领域的节能减排进行专项突破，碳排放强度已明显下降，低碳发展已走在全国前列，从而推动浙江省实现“绿水青山”与共同富裕相得益彰。

然而，目前浙江省海洋经济低碳发展仍存在诸多劣势，诸如海洋碳汇交易市场体系不完善，与之相关的规范、技术、标准等尚未成体系，海洋生态环境补偿的机制不完善，科研与经济建设和环境保护不紧密，科技成果转化能力较差，海洋低碳技术开发和储备不足。此外，还包括海洋新能源产业技术起步较晚，开发技术不成熟以及海洋新能源产业存在不稳定性等。

目前，全球经济向低碳经济转移，发展新能源低碳产业，研发开展低碳技术，倡导绿色低碳生活已成为全球共识，我国顺应世界绿色低碳变革潮流，“双碳”目标的提出为浙江省发展海洋碳汇经济，补齐海洋低碳发展短板提供了历史机遇。此外，国外低碳技术的转让与合作，国家优惠政策的支持，这些都为浙江省实现低碳可持续发展提供了条件。面向“双碳”目标，浙江省已率先开始制定相关行动方案，引导和鼓励企业和机构将蓝碳作为实现“双碳”目标的重要途径，进一步加强海洋生态保护和修复，实现海洋经济可持续发展。

现阶段中国的碳交易及海洋蓝碳推广呈现非市场化特点，技术创新和应用严重不足，生态产品供给与市场需求不平衡，海洋监测数据基础差，生态服务价值核算与评价体系尚未建立以及海洋法律、法规存在滞后性，“碳关税”的实行，这些都使得浙江省在国际市场的对外贸易中处于不利的地位，导致企业对参与海洋低碳发展及海洋碳汇市场积极性不高。下一步，浙江省将优化产业结构，完善海洋人才培养机制，完善海洋法律、法规，重视海洋资源保护，实现海洋经济的可持续发展。

5 浙江省海洋经济低碳发展分析评价

在可持续发展理念的引导下，海洋经济正朝着低碳发展的道路迈进。为实现这一目标，采用技术创新、产业转型以及新能源开发等多种途径，降低高碳能源的消耗和减少温室气体的排放，实现了资源的有效节约并建立了环境友好型的模式。其核心在于将海洋环境与海洋经济有机融合，并以此为基础进行海洋经济增长方式的转变。综合分析和评价海洋经济低碳化发展水平，对于提高中国海洋经济管理水平具有重要的现实意义。

为全面、综合地对海洋经济低碳发展水平进行评价，需要在数据可获取性的前提下，以既能体现出低碳视角下海洋经济绿色发展的现状与能力，又能反映其对生态环境的影响为目标，有针对性地对海洋经济低碳发展评价指标进行科学性地构建，进而反映海洋经济的低碳发展水平，认识海洋经济低碳发展规律。

5.1 海洋经济低碳化发展水平综合评价指标体系构建

伴随着人口压力和陆域资源紧张等问题的出现，海洋经济已逐渐成为推动整体经济发展的重要力量[102]。随着全球气候变暖加剧，世界各国对低碳经济的发展也更加重视，海洋经济蕴含着巨大的低碳发展潜力。然而，要想实现海洋经济的低碳发展，必须真正地做到社会与经济、自然和资源的协调发展，以实现可持续发展的目标。因此，为了促进海洋经济的低碳发展，需要积极推动协调发展模式，使经济发展与社会和环境的协同进步相一致，从而实现海洋经济的可持续发展[103]。

海洋经济的长期发展需要协调经济、生态和社会三个方面的关系。其中，经济发展是海洋发展的根本动力，生态发展是海洋发展的基础，而社会发展则是海洋发展最终的目标[104]。因此，本节基于海洋经济低碳化发展视角，构建综合评价指标体系，包括海洋经济支持系统、海洋生态支持系统和海洋社会支持系统三个方面，对中国沿海地区海洋经济低碳化发展综合水平进行评价分析，并重点解析浙江省海洋经济低碳化发展状况。通过建立评价指标体系，可以更全面地了解海洋经济的低碳化发展水平，为制定相应的政策和措施提供科学依据。综合考虑数据的可获取性，并遵循系统性、全面性、规范性、科学性、合理性和可比性的原则[105]，根据上述思路建立了海洋经济低碳化发展评价指标体系，包括3个一级指标、9个二级指标、28个三级指标，具体见表5.1。本节构建的海洋经济低碳化发展水平综合评价公式如下：

$$D_r = f(D_s, D_h, D_v) \tag{5.1}$$

其中，D_r为海洋经济低碳化发展水平综合评价值，D_s为海洋经济支持系统评价值，D_h为海洋生态支持系统评价值，D_v为海洋社会支持系统评价值。

表5.1 海洋经济低碳化发展水平综合评价指标体系

一级指标	二级指标	三级指标	数据来源	属性
海洋经济支持系统	海洋经济规模	海洋生产总值占地区GDP的比重/%	《中国海洋统计年鉴》	正指标
		人均生产总值/（亿元/万人）	《中国海洋统计年鉴》	正指标
	海洋经济质量	海域集约利用指数/（亿元/km^2）	《各省份统计年鉴》	正指标
		海洋产业岸线经济密度/（亿元/km）	《中国海洋统计年鉴》	正指标
		可再生资源消费量/10^4 t	《能源统计年鉴》	正指标
		单位GDP能源消耗量/（吨标准煤/万元）	《能源统计年鉴》	负指标
	海洋产业结构	海洋第二产业占比/%	《中国海洋统计年鉴》	负指标
		x_7产业结构熵数	《中国海洋统计年鉴》	正指标
		海洋科研教育管理服务占比/%	《中国海洋统计年鉴》	正指标
		海洋第三产业占比/%	《中国海洋统计年鉴》	正指标
海洋生态支持系统	海洋生态压力	直接排海废水量/10^4 t	《中国海洋生态环境公报》	负指标
		沿海港口外贸货物吞吐量/10^4 t	《中国海洋统计年鉴》	负指标
		沿海万吨级以上港口码头泊位数/个	《中国海洋统计年鉴》	负指标
	海洋生态状态	海洋自然保护区面积/km^2	《中国海洋统计年鉴》	正指标
		湿地面积/10^4 hm^2	《中国海洋统计年鉴》	正指标
		人均水资源拥有量/（m^3/人）	《中国海洋统计年鉴》	正指标
		森林覆盖率/%	《各省份统计年鉴》	正指标
		森林面积/10^4 hm^2	《各省份统计年鉴》	正指标
	海洋经济碳排放	海洋经济碳排放总量/Mt	CEADs数据库、《中国海洋统计年鉴》	负指标

续表

一级指标	二级指标	三级指标	数据来源	属性
海洋生态支持系统	海洋经济碳排放	海洋经济碳排放强度/（Mt/亿元）	CEADs 数据库、《中国海洋统计年鉴》	负指标
		海洋经济碳足迹/（Mt/万人）	CEADs 数据库、《中国海洋统计年鉴》	负指标
海洋社会支持系统	海洋科技基础建设	海洋科研机构数量/个	《中国海洋统计年鉴》	正指标
		高等学校涉海专业点数量/个	《中国海洋统计年鉴》	正指标
	海洋创新投入	海洋研究与开发机构 R&D 经费投入/千元	《中国海洋统计年鉴》	正指标
		海洋研究与开发机构 R&D 人员数量/人	《中国海洋统计年鉴》	正指标
		海洋科研机构科研人员研究生以上学历比重/%	《中国海洋统计年鉴》	正指标
	海洋创新产出	海洋专利授权数/件	《中国海洋统计年鉴》	正指标
		海洋研究与开发机构 R&D 课题数量/项	《中国海洋统计年鉴》	正指标

5.1.1 海洋经济支持系统指标体系

海洋经济支持系统能够有效反映海洋经济的演化路径，为海洋经济低碳发展提供重要的经济基础支撑。分别从海洋经济规模、海洋经济质量和海洋产业结构 3 个角度构建海洋经济支持指标系统，选取了海洋生产总值占地区 GDP 的比重、人均海洋生产总值、海域集约化利用指数、海洋产业岸线经济密度、可再生资源消费量以及单位 GDP 能源消耗量、海洋第二产业占比、产业结构熵数、海洋科研教育管理服务占比以及海洋第三产业占比多个单项指标评价海洋经济发展情况。

（1）海洋经济规模评价指标。

海洋经济规模体现了在国民经济发展过程中海洋经济做出的贡献[106]，海洋产值、海洋就业人数、海洋贸易额和海洋投资额等都可以反映海洋经济规模状况。考虑到高质量发展和低碳化，研究重点通过海洋生产总值占地区 GDP 的比重和人均生产总值进行表征。

海洋生产总值占地区 GDP 的比重：为海洋生产总值与地区生产总值比值的百分比表示。主要反映海洋经济规模在地区经济规模中所占的份额，其值越高，说明海洋经济在低碳化经济发展中的地位越重要。

人均海洋生产总值：为海洋生产总值与年末地区人口数的比值，主要反映人均海洋经济发展水平，其值越高，表示人均海洋经济发展效益越好，对低碳化海洋经济发展越有利。

（2）海洋经济质量评价指标。

海洋经济质量是对海洋经济发展的效益和可持续性等方面的评价，通过对海洋经济发展现状的描述定位海洋经济的发展水平[107]。海洋劳动生产率、海洋产业附加值以及海洋产业绿色化程度等都可以反映海洋经济质量状况，但是考虑到高质量发展和低碳化，研究重点通过海域集约利用指数、海洋产业岸线经济密度、可再生资源消费量以及单位 GDP 能源消耗量进行表征。

海域集约利用指数：海洋集约利用指数的计算方法众多，本节主要借鉴了陈睿彤[108]将海洋生产总值与行政区面积的比值作为海域集约利用指数的做法，主要反映了单位行政区域面积上的生产活动产生的经济效益。其值越高，说明该行政区域上海洋经济效益越好，对低碳经济的发展越有利。

海洋产业岸线经济密度：为海洋生产总值与岸线长度的比值，主要反映单位海洋资源的经济产出强度。其值越高，表示单位产出强度越高，对海洋经济低碳化发展越有利。

可再生资源消费量：主要反映在海洋经济发展中可再生资源的使用情况，其值越大，海洋经济的发展质量越高。

单位 GDP 能源消耗量：为能源消耗量与海洋生产总值的比值，指的是单位海洋经济生产总值的增长所需消耗的能源量，主要反映能源使用与经济增长之间的关系，该值越高，越不利于海洋经济的高质量发展。

（3）海洋产业结构评价指标。

海洋产业结构指数用于衡量海洋产业结构自身的发展水平，体现产业内部的结构关系[109]。产业结构比重、产业增加值以及产业链完整度等都可以反映海洋产业结构状况，但是考虑到高质量发展和低碳化，研究重点通过海洋第二产业占海洋产业的比重、产业结构熵数、海洋科研教育管理服务占比以及海洋第三产业占海洋三次产业的比重进行表征。

海洋第二产业占比：为海洋第二产业生产总值占海洋三次产业生产总值的比重，主要反映海洋第二产业在海洋经济发展过程中的重要程度，由于海洋第二产业的发展会产生大量的二氧化碳，该指标越高，越不利于海洋经济低碳化的发展。

海洋产业结构熵数：主要反映海洋产业的发展程度，其值越大，说明各个海洋产业的发展越均衡，海洋经济低碳化发展水平越好。计算公式采用：

$$e^t = \sum_{i=1}^{n} [w_{it} \ln(1/w_{it})] \tag{5.2}$$

式中，e^t 表示 t 时期产业结构熵数值；w_{it} 表示 t 时期第 i 海洋产业产值占当年海洋生产总值的比重。

海洋科研教育管理服务占比：主要反映海洋科研教育管理服务业生产总值占海洋生产总值的比重。该指标越高，说明海洋结构优化得越好，越有利于海洋经济低碳化水平的发展。

海洋第三产业占比：为海洋第三产业生产总值占海洋三次产业生产总值的比重，主要衡量海洋经济运行结构的合理程度，其指标值越高，代表海洋经济运行结构优化情况越好。

5.1.2 海洋生态支持系统指标体系

海洋生态支持系统为海洋经济低碳发展提供物质基础，将人类拥有的海洋自然资源作用于社会经济资源的过程就是海洋经济发展的过程[110]。对海洋生态支持系统指标的构建，分别从海洋生态压力、海洋生态状态、海洋经济碳排放3个角度出发，选取了直接排海废水量、沿海港口外贸货物吞吐量、沿海万吨级以上港口码头泊位数、海洋自然保护区面积、湿地面积、人均水资源拥有量、森林覆盖率、森林面积、海洋经济碳排放总量、海洋经济碳排放强度以及海洋经济碳排放足迹等多个单项指标评价沿海地区的海洋生态情况。

（1）海洋生态压力评价指标。

海洋生态压力是指海洋经济发展过程中给生态环境造成的负面影响，不利于生态的保护[111]。海洋污染指数、捕捞压力等指标可以反映海洋生态压力状况，但是考虑到环境保护、低碳化以及数据可获取性，研究重点通过直接排海废水量、沿海港口外贸货物吞吐量和沿海万吨级以上港口码头泊位数进行表征。

直接排海废水量：主要反映海洋水资源的受污染程度。该指标越高，海洋水资源受污染程度越高，海洋生态环境越差，海洋经济低碳化发展水平越低。

沿海港口外贸货物吞吐量：主要从沿海港口外贸货物量的角度来反映海洋经济中对外贸易情况。其值越高，表明港口对外贸易的货物量越大，越容易给海洋环境生态造成巨大的压力，不利于海洋经济低碳化的发展。

沿海万吨级以上港口码头泊位数：在为海洋经济发展提供基础设施支撑的同时也给海洋生态环境造成了压力，沿海万吨级以上港口码头泊位数越多，产生的污染越多，生态环境压力越大，不利于海洋经济低碳化的发展。

（2）海洋生态状态评价指标。

海洋生态状态描述了海洋经济生态环境保护情况以及环境承载力，有利于海洋经济低碳化发展[111]。海洋生物多样性、渔业资源指标以及底栖生物指标等可以反映海洋生态状况，但是考虑到环境状况、低碳化以及数据可获取情况，研究重点通过海洋自然保护区面积、湿地面积、人均水资源拥有量、森林覆盖率以及森林面积进行表征。

海洋自然保护区面积：主要反映了海洋生态环境的保护状况。其值越大，说明对海洋环境的保护力度越大，越重视海洋环境可持续发展能力，海洋经济低碳化发展水平越高。

湿地面积：主要反映海洋生态环境的保护情况，其值越大，表明对周围的环境影响越大，调节能力越强，对生态环境的保护越好。

人均水资源拥有量：为水资源总量与年末人口数的比值，主要反映了海洋经济发展中水资源的承载力。

森林覆盖率：指特定地区森林面积占该地区总土地面积的比例，主要反映森林资源丰富程度、国土绿化状况和碳汇能力，该值越高，对生态环境的保护越好。

森林面积：主要表示国土的绿化情况，反映对生态环境的保护能力，该值越大，表明生态状态越好。

（3）海洋经济碳排放评价指标。

海洋经济碳排放会造成空气污染和气候变暖等负面影响，海洋经济发展过程中的碳排放情况，不利于海洋经济低碳化发展[112]。海洋碳汇效应、海洋经济碳排放总量以及海洋能源开发碳排放等指标可以反映海洋经济碳排放水平。考虑到海洋经济的低碳化发展，研究重点通过海洋经济碳排放总量、海洋经济碳排放强度以及海洋经济碳排放足迹进行表征。

海洋经济碳排放总量：表示海洋经济发展过程中产生的二氧化碳总含量，该值越高，表明二氧化碳产出越高，越不利于海洋经济低碳化发展。考虑到海洋经济碳排放总量数据不能直接获取，本节利用海洋经济生产总值、经济生产总值以及碳排放数据进行估算，估算公式如下：

$$\text{海洋经济碳排放总量} = \frac{\text{海洋经济生产总值}}{\text{经济生产总值}} \times \text{碳排放总量} \tag{5.3}$$

海洋经济碳排放强度：为海洋经济碳排放总量与海洋生产总值的比值，指每单位海洋经济生产总值的增长所带来的二氧化碳排放量，主要是用来衡量海洋经济增长同碳排放量增长之间的关系，该值越高越不利于海洋经济低碳化的发展。

海洋经济碳足迹：即人均碳排放量，为海洋经济碳排放总量与地区年末人口数的比值，主要反映人均海洋经济碳排放，该值越大，表明碳排放规模越大，海洋经济低碳化发展水平越低。

5.1.3 海洋社会支持系统指标体系

海洋社会支持系统是海洋经济发展的最终目的，科技的发展是人民生活水平提高、环境得到改善的重要推力[113]。对海洋社会支持系统指标，分别从海洋科技基础建设、海洋创新投入、海洋创新产出 3 个角度进行构建，选取了海洋科研机构数量、高等学校涉海专业点数量、海洋研究与开发机构 R&D 经费投入（Research and Development，R&D）、海洋研究与开发机构 R&D 人员数量、海洋科研机构科研人员研究生以上学历比重、海洋专利授权数和海洋研究与开发机构 R&D 课题数量多个单项指标评价沿海地区为发展海洋经济提供的社会支持的水平。

（1）海洋科技基础建设评价指标。

海洋科技基础建设体现了为发展海洋科技提供的基础条件，高等学校涉海专业点数量、科研设施和装备以及科研机构数量和质量等指标都可以描述海洋科技基础建设水平。考虑到数据的获取情况，研究重点通过海洋科研机构数量和高等学校涉海专业点数量进行表征。

海洋科研机构数量：主要反映了海洋人才的培养输出能力，其值越大，说明海洋人才培养能力越好。

高等学校涉海专业点数量：主要反映了海洋人才可持续增长的能力，其值越高，说明海洋人才越能得到良好的供应。

（2）海洋创新投入评价指标。

海洋创新投入描述了海洋科研的投入力度，研发经费投入、创新投资环境以及科技人才数量和素质等指标均可以评价海洋创新投入水平。研究重点通过海洋研究与开发机构 R&D 经费投入、海洋研究与开发机构 R&D 人员数量以及海洋科研机构科研人员研究生以上学历比重进行表征。

海洋研究与开发机构 R&D 经费投入：主要反映了对海洋科研在资金上的投入力度，其值越高，说明海洋科研情况越受重视。

海洋研究与开发机构 R&D 人员数量：主要反映海洋科技创新活动的投入人员数量，其值越高，表明科技创新活动的投入越大，越有利于海洋经济低碳化的发展。

海洋科研机构科研人员研究生以上学历比重：为科研机构科技活动人员博士人数与科研机构科技活动人员硕士人数的和占科研机构科技活动人员总人数的比例。主要反映了海洋科技的创新能力，其值越高，说明海洋科技创新能力越大。

（3）海洋创新产出评价指标。

海洋创新产出描述了海洋科研成果的产出效率，科技成果数量和质量、创新产业增加值以及创新就业岗位等评价指标可以反映海洋创新产出状况。研究重点通过海洋专利授权数和海洋研究与开发机构 R&D 课题数量进行表征。

海洋专利授权数：主要反映海洋科研创新能力的高低，其值越高，则代表海洋科研成果产出越好，越有利于海洋经济低碳化的发展。

海洋研究与开发机构 R&D 课题数量：主要反映海洋科研成果的产出效率，其值越高，表明海洋科研成果产出状况越好。

5.2 海洋经济低碳化发展水平综合评价方法

在海洋经济低碳化发展水平的综合评价指标体系中，海洋经济支持系统、海洋生态支持系统和海洋社会支持系统的各级指标在海洋经济低碳发展中发挥的作用有所不同，且重要性有一定差异，同一级别下不同指标在发挥作用的重要程度也存在差异。因此，设计有效的方法评价不同指标的重要性，并确定合理的权重对海洋经济低碳化发展水平综合评价至关重要。为了降低单一评价方法带来的不确定性，本节采用了离差最大化组合评价方法来进行海洋经济低碳化发展水平的综合评价。首先通过数据的预处理，消除不同指标之间的量纲差异；其次分别利用序关系分析法、熵权法、变异系数法 3 种单一评价方法开展指标权重的分配，然后使用离差最大化组合评价模型充分融合序关系分析法、熵权法、变异系数法 3 种赋权方法的权重信息，并利用 Spearman 秩相关系数法检验其兼容度，验证模型的有效性。通过采用离差最大化组合评价方法，结合不同评价方法的权重信息，克服了单一评价方法带来的不确定性，能够提高评价结果的准确性和可靠性，进而合理评价海洋经济低碳化综合发展水平，为海洋经济的低碳发展提供科学依据。

5.2.1 数据预处理

由于评估中使用多个指标，很多不同指标指向性以及数值量纲等具有较大差异，在开展海洋经济低碳化发展水平综合评价前，需要对数据进行预处理，主要包括以下 3 个方面。

（1）数据的趋同化处理。根据描述海洋经济低碳化发展水平的指标含义特点，可以分为正指标和负指标。其中，正指标的值越大，负指标的值越小，则其描述的海洋经济低碳化发展水平越好。不同的指标由于其数值代表的经济含义不同，不能直接相加，需要对其进行方向上的趋势统一。

（2）数据的无量纲化处理。不同指标在进行计算时，由于其计算单位和量级并不相同，直接相加并无明确的经济含义。因此，在进行综合评价前，需要消除各指标量纲不同的影响，使各指标之间具有可比性和可集成性。

（3）数据的归一化处理。由于各指标的取值范围不同，为了指标的可计算性和可比较性，需要将指标逐一进行归一化处理，把所有指标的取值区间统一变换到某一区间。

针对以上 3 个问题，本节采用功效系数法对指标数据进行标准化处理，由于指标体系中存在正指标和负指标两种指标类型，需要对其进行标准化处理，消除量纲差别。设有 T 个年份，m 个地区，n 个评价指标，对正向指标采用式（5.4）进行标准化处理，对负向指标采用式（5.5）进行标准化处理。

$$y_{ij}^{t}=\frac{x_{ij}^{t}-\min\limits_{i}(x_{ij}^{t})}{\max\limits_{i}(x_{ij}^{t})-\min\limits_{i}(x_{ij}^{t})}\times 50+50 \tag{5.4}$$

$$y_{ij}^{t}=\frac{\max\limits_{i}(x_{ij}^{t})-x_{ij}^{t}}{\max\limits_{i}(x_{ij}^{t})-\min\limits_{i}(x_{ij}^{t})}\times 50+50 \tag{5.5}$$

式中，x_{ij}^{t} 表示第 t 年的第 i 个地区的第 j 个指标的原始数据，$\min\limits_{i}(x_{ij}^{t})$ 和 $\max\limits_{i}(x_{ij}^{t})$ 是 x_{ij}^{t} 的最小值和最大值，y_{ij}^{t} 表示第 t 年的第 i 个地区的第 j 个指标经标准化处理后的结果，$i=1, 2, \cdots, m$；$j=1, 2, \cdots, n$；$t=1, 2, \cdots, T$。

5.2.2 海洋经济低碳化发展水平的单一指标评价模型

单一指标评价模型利用单一指标来对不同对象或方案进行评估和分类。基于决策者的主观判断和客观数据分析，指标权重的分配方法大致可以分为两类：一是主观赋权法，如层次分析法、序关系分析法与专家意见法等；二是客观赋权法，如均方差法、主成分分析法、变异系数法与熵权法等。主观赋权法主要基于决策者的主观判断和经验，而客观赋权法则依赖于客观数据和分析方法，两者在权重分配的依据上存在差异。在具体应用时，可以根据决策的性质、数据的可获得性以及决策者的偏好和需求来选择适合的权重分配方法。

1）主观赋权法

主观赋权法依靠专家经验判断对原始数据打分进行方案评价，属性权重的获得主要基于决策问题的特点和专家自身的经验知识，具有较强的主观随意性[114]。层次分析法和序关系分析法是目前比较常用的主观赋权法。

（1）层次分析法。

层次分析法[115] 是目前应用较多的一种定量与定性相结合的方法，它按照既定的标度理论对同一层次中各因素进行两两对比，从而得到表示相对重要程度的比较标度，再通过构建判断矩阵，分配各因素的权重，并据此进行决策。层次分析法进行评价的具体步骤如下。

步骤一：通过指标体系的两两比较，得到指标的重要性程度，进而获得比例判断矩阵 A 。判断方法具体可见表5.2。

步骤二：计算相对于目标层各评价指标的相对重要性。计算归一化的特征向量，归一化后的特征向量 $W = [w_1, w_2, \cdots, w_i]^T$ ，即为各评价指标对于目标层的权重。

表5.2 层次分析法的构权标度体系

a_{ij} 值	定义
1	因素 i 与因素 j 一样重要
3	因素 i 比因素 j 稍微重要
5	因素 i 比因素 j 明显重要
7	因素 i 比因素 j 强烈重要
9	因素 i 比因素 j 极端重要
2，4，6，8	因素 i 与因素 j 的重要性相比较时，处于以上情形中间位置
倒数	因素 j 与因素 i 的比较结果是因素 i 与因素 j 比较结果的倒数，即 $a_{ji} = \frac{1}{a_{ij}}$

步骤三：进行判断矩阵的一致性检验。首先，计算其最大特征根 λ_{max} ；其次，计算一致性指标 $C.I$ ，$C.I = \frac{\lambda_{max} - n}{n - 1}$ ；最后，计算一致性比例 $C.R$ 而进行检验，$C.R = \frac{C.I}{R.I}$。其中，$R.I$ 是平均随机一致性指标，其取值规则如表5.3所示。一般而言，$C.R$ 越小，判断矩阵的一致性越好，一致性比率 $C.R < 0.1$ 时，则代表矩阵具有较好的一致性，通过一致性检验。通过一致性检验后，权向量可用其归一化特征向量表示，否则要重新构造成对比较矩阵 A ，对 a_{ij} 加以调整。

表5.3 $R.I$ 的取值规则

阶数	1	2	3	4	5	6	7	8	9	10
$R.I$	0	0	0.58	0.90	1.12	1.24	1.32	1.41	1.45	1.49

（2）序关系分析法。

序关系分析法是基于层次分析法改进的一种主观评价方法。主要思想是将同一层指标进行排序后进行前后重要性程度比较，避免了使用层次分析法进行指标两两对比时工作量过大以及一致性检验不易通过的问题。序关系分析法[116] 进行评价的步骤如下。

步骤一：确定指标的序排列关系，某种准则下的评价指标 x_i 的重要性程度大于 x_j 的情况表现为 $x_i > x_j$，那么 n 个评价指标获得的结果为 $x_1 > x_2 > x_3 > \cdots > x_n$。

步骤二：根据专家判断，获得相邻指标间相对重要性程度。相邻评价指标 x_{k-1} 与 x_k 间的相对重要性程度 r_k

$$r_k = \frac{w_{k-1}}{w_k} (k = n, n-1, n-2, \cdots, 3, 2) \tag{5.6}$$

专家判断评价指标之间的相对重要性程度 r_k 的赋值规则可以参考表 5.4 所示。

步骤三：在步骤一和步骤二的基础上计算指标权重系数 w_k

$$w_k = \left(1 + \sum_{k=2}^{n} \prod_{i=k}^{n} r_i\right)^{-1} \tag{5.7}$$

$$w_{k-1} = r_k w_k (k = n, n-1, n-2, \cdots, 3, 2) \tag{5.8}$$

最终基于上述三步获得 G1 方法的指标权重集合 $\bar{w} = (w_1, w_2, \cdots, w_n)$。

表 5.4 r_k 的赋值含义

r_k	说明
1.0	指标 x_{k-1} 与 x_k 同样重要
1.1	指标 x_{k-1} 与 x_k 介于同样重要与稍微重要之间
1.2	指标 x_{k-1} 比 x_k 稍微重要
1.3	指标 x_{k-1} 与 x_k 介于稍微重要与明显重要之间
1.4	指标 x_{k-1} 比 x_k 明显重要
1.5	指标 x_{k-1} 与 x_k 介于明显重要与强烈重要之间
1.6	指标 x_{k-1} 比 x_k 强烈重要
1.7	指标 x_{k-1} 与 x_k 介于强烈重要与极端重要之间
1.8	指标 x_{k-1} 比 x_k 极端重要

2）客观赋权法

客观赋权法所使用的原始数据来源于各属性在决策方案中的实际数据，具备客观性强、数学理论依据充分等诸多优点。其基础在于通过实际数据的量化分析，为不同属性赋予相应的权重，以达到客观而科学的决策过程。然而，这一方法也存在一些缺陷，其中，属性权重的计算过程不涉及决策者的主观倾向，可能导致得到的权重与决策者的主观愿望或实际情况不一致[117]。因此，在运用客观赋权法进行决策时，必须注意在实践中综合考虑主观因素，以确保最终的权重分配更符合实际需求和决策者的期望。主成分分析法、变异系数法与熵权法是目前比较常用的客观赋权方法。

（1）熵权法。

熵权法[118] 是可以综合考虑各指标间的关联度，进而客观地确定指标权重。“熵”可用于衡量信息的不确定性，熵值越大，表明该指标对评价对象最终评价结果的影响作用越大。根据这一原理，可以依据各项指标的熵值计算出权重，为综合评价结果的计算提供依据。具体的计算步骤如下所示。

步骤一：构建初始化评价矩阵，设置 T 个年份，m 个地区，n 个评价指标，进而得到 t 张数据表，表示为 $X^t=(x_{ij})_{m\times n}$，引入全局思想将 t 张表格按照时间顺序排列，进而构建 $mT\times n$ 阶全局评价矩阵。

$$X=(X^1,\ X^2,\ \cdots,\ X^t)'_{mT\times n}=(x_{ij}^t)_{mT\times n} \tag{5.9}$$

其中，x_{ij}^t 表示第 t 年第 i 个省（区、市）的第 j 项指标值。

步骤二：对数据进行标准化处理，以消除指标数据量纲不同造成的影响。

步骤三：计算各指标的比重以及信息熵。具体公式如下：

$$e_j=-k\sum_{t=1}^{T}\sum_{i=1}^{m}p_{ij}^t\ln p_{ij}^t \tag{5.10}$$

其中，e_j 为第 j 个指标的熵值，$0\leqslant e_j\leqslant 1$，$k=\dfrac{1}{\ln(mT)}$，$p_{ij}^t$ 为第 t 年第 i 个指标在第 j 项指标下所占权重，$p_{ij}^t=y_{ij}^t/\sum_{t=1}^{T}\sum_{i=1}^{m}y_{ij}^t$，$y_{ij}^t$ 表示 x_{ij}^t 标准化后的数值。

步骤四：计算各指标数据的差异系数。差异系数越大，该指标的信息效用越大，对评价结果影响越大。具体公式如下：

$$g_j=1-e_j \tag{5.11}$$

步骤五：进一步进行差异系数的归一化处理，以获得各评价指标的权重集合，$\bar{w}=(w_1,\ w_2,\ \cdots,\ w_n)$。计算公式如下：

$$w_j=\frac{g_j}{\sum_{j=1}^{n}g_j} \tag{5.12}$$

其中，w_j 为第 j 项指标权重，$0\leqslant w_j\leqslant 1$，$\sum_{j=1}^{n}w_j=1$。

步骤六：计算综合评价得分。计算公式如下：

$$S_i=\sum_{j=1}^{n}w_jy_{ij}^t \tag{5.13}$$

其中，S_i 为综合评价得分，w_j 为指标权重。根据熵权法的计算步骤，可得到各指标的权重集合 $\bar{w}=(w_1, w_2, \cdots, w_n)$。

（2）变异系数法。

变异系数法[119] 是基于指标数据变异系数对指标赋权的客观评价方法。该方法能够在综合评价过程中，利用指标数据的变化趋势来反映其离散程度，若某一指标在不同的评价对象中的差异程度较大，则该指标的权重也较大。具体的计算步骤如下。

步骤一：构建初始化评价矩阵，设置 T 个年份，m 个地区，n 个评价指标，通过数据搜集整理获得 t 张截面数据表，$X^t=(x_{ij})_{m\times n}$，引入全局思想将 t 张表格按照时间顺序排列，进而构建 $mT\times n$ 阶全局评价矩阵。

$$X=(X^1, X^2, \cdots, X^t)'_{mT\times n}=(x_{ij}^t)_{mT\times n} \tag{5.14}$$

其中，x_{ij}^t 表示第 t 年第 i 个省（区、市）的第 j 项指标值。

步骤二：进行指标数据的标准化处理，以消除指标数据因量纲不同对评价结果造成的影响。

步骤三：计算第 j 个指标的总体平均值

$$\bar{x}_j=\sum_{t=1}^{T}\sum_{i=1}^{m}y_{ij}^t/(m\times T) \tag{5.15}$$

y_{ij}^t 表示 x_{ij}^t 标准化后的数值。

步骤四：计算第 j 个指标的标准差

$$\sigma_j=\sqrt{\sum_{t=1}^{T}\sum_{i=1}^{m}(y_{ij}^t-\bar{x}_j)^2/(m\times T)} \tag{5.16}$$

步骤五：计算第 j 个指标的变异系数

$$\delta_j=\sigma_j/\bar{x}_j \tag{5.17}$$

步骤六：对各指标的变异系数进行归一化处理，得到各指标的变异系数权重

$$w_j=\delta_j/\sum_{j=1}^{n}\delta_j \tag{5.18}$$

其中，σ_j 表示的为第 j 个指标标准差，δ_j 第 j 个指标的变异系数，w_j 表示第 j 个指标的变异系数权重，$j=1, 2, \cdots, n$。最终基于上述5步获得变异系数法的指标权重集合 $\bar{w}=(w_1, w_2, \cdots, w_n)$。

（3）主成分分析法。

主成分分析[120] 通过重新组合变量，获得新的不相关的综合变量，并选取数量少却能够尽可能多地反映变量信息的综合变量，能够有效实现数据降维，其计算步骤如下。

步骤一：设置 n 个指标数据，分别用 $X_1, X_2, \cdots, X_n$ 进行表示，设有 T 个年份，m 个地区，其中，第 i 个评价对象的第 j 个指标值用 x_{ij} 表示。首先对原始数据进行标准化处理。

步骤二：计算相关系数矩阵 R，r_{ij} 为 x_i 与 x_j 的相关系数，$r_{ij}=r_{ji}$。

$$R=(r_{ij})_{n\times n}=\frac{\sum_{k=1}^{m}(x_{ki}-\bar{x}_i)(x_{kj}-\bar{x}_j)}{\sqrt{\sum_{k=1}^{m}(x_{ki}-\bar{x}_i)^2\sum_{k=1}^{m}(x_{kj}-\bar{x}_j)^2}}\quad i,\ j=1,\ 2,\ \cdots,\ n \tag{5.19}$$

步骤三：计算特征值和特征向量，计算相关系数矩阵 R 的特征值，且 $\lambda_1\geqslant\lambda_2\geqslant\lambda_3\geqslant\cdots\geqslant\lambda_n\geqslant0$，以及对应的特征向量 μ_1，μ_2，μ_3，…，μ_n。$\mu_i=[\mu_{1i},\ \mu_{2i},\ \mu_{3i},\ \cdots,\ \mu_{ni}]^T$ 由特征向量组成 n 个新的指标变量。

步骤四：计算主成分贡献率和累计贡献率。选择 $p(p<n)$ 个主成分，计算综合评价值：当累积贡献率>85%，则选择前 p 个指标变量作为 p 个主成分，代替原来 n 个指标变量，从而可对 p 个主成分进行综合分析。

贡献率：

$$\frac{\lambda_i}{\sum_{k=1}^{n}\lambda_k}\quad(i=1,\ 2,\ \cdots,\ n) \tag{5.20}$$

累计贡献率：

$$\frac{\sum_{k=1}^{i}\lambda_k}{\sum_{k=1}^{n}\lambda_k}\quad(i=1,\ 2,\ \cdots,\ n) \tag{5.21}$$

5.2.3 海洋经济低碳化发展水平综合评价模型

主客观赋权评价方法的适用场景不同，采用单一的主客观赋权评价方法可能会导致评价结果的不一致性。为实现对属性赋权的主观与客观的统一，决策者在进行评价时不仅需要综合考虑属性的个人偏好，还应当思考如何减小赋权过程中主观随意性的影响，以确保评价结果更为全面和准确。基于此，组合赋权法应运而生，该方法将主、客观赋权结果进行综合，以获得更为全面、客观且具有实际意义的评价结果。因此，本节基于构建的海洋经济低碳化发展水平综合评价指标体系，采用离差最大化组合评价模型，集成序关系分析法、熵权法、变异系数法的赋权结果，获得综合评价结果，以提高海洋经济低碳化发展水平综合评价的合理性。

离差最大化组合评价具体步骤如下。

步骤一：对原始指标数据进行数据预处理，以消除指标数据的数据单位、量纲不同所带来的不可共度性。

步骤二：利用序关系分析法、熵权法、变异系数法3种不同单一赋权方法依次对评价指标进行赋权，获得单一评价方法所得指标权重。

步骤三：采用离差最大化组合评价模型将单一评价方法的指标权重进行组合，进而获得综合指标权重，并依据综合指标权重结果，确定各沿海地区海洋经济低碳化发展水平指标的重要程度。

步骤四：基于步骤三各单一评价方法和组合评价方法获得的指标权重结果，进行组合赋权法兼容度检验，兼容度越高，表示赋权方法结合得越好，组合评价结果可以用于进行后续分析。

（1）基于离差最大化的组合评价。

离差最大化法适用于多项指标对多个方案进行分析比较，能够实现不同的单一评价方法所得评价结果数值间距离的最大化[121]。首先计算出各单一指标评价方法的权重，进而根据离差最大化思想建立数学模型，对各评价方法进行加权组合并求得组合权值[122]。该方法能够结合不同评价方法的优势，充分利用不同单一指标评价方法的信息，拉开各评价对象的赋权结果差距，便于排序。利用离差最大化方法进行海洋经济低碳发展水平分析的组合评价的基本步骤为：

假设综合评价中有 m 个评价对象，对象集表示为 $\{P_i \mid i=1, 2, \cdots, m\}$；$n$ 个评价指标所构成的指标集表示为 $\{S_j \mid j=1, 2, \cdots, n\}$。设第 i 个对象 P_i 对第 j 个指标 S_j 的指标值记为 v_{ij}，$i=1, 2, \cdots, m$；$j=1, 2, \cdots, n$。$V=(v_{ij})_{(m\times n)}$ 为属性矩阵。选取 k 个不同的评价方法，建立方法集 $T=\{T_1, T_2, \cdots, T_k\}$，对待评价对象使用不同评价方法进行评价，记评价对象 P_i 在单一方法 T_r 下获得的权值为 f_{ir}，评价权值矩阵为 $F=(f_{ir})(m\times k)$，$i=1, 2, \cdots, m$；$r=1, 2, \cdots, k$。

d_{xry} 为使用单一评价方法 T_r 时，评价对象 P_x 与 P_y 的离差，公式如下：

$$d_{xry} = |f_{xr} - f_{yr}| \tag{5.22}$$

那么在组合评价方法下，两者的离差为：

$$d_{xy} = \sum_{r=1}^{k} w_r |f_{xr} - f_{yr}| \tag{5.23}$$

所有评价对象的总离差为：

$$D = \sum_{x=1}^{m} \sum_{y=1}^{m} \sum_{r=1}^{k} w_r |f_{xr} - f_{yr}| \tag{5.24}$$

在组合评价时评价权重向量 W 的求解，要使所有评价对象总离差 D 达到最大值，因此构建如下模型：

$$\max D = \sum_{x=1}^{m} \sum_{y=1}^{m} \sum_{r=1}^{k} w_r |f_{xr} - f_{yr}| \tag{5.25}$$

其中，

$$w_r > 0$$

$$\sum_{r=1}^{k} w_r^2 = 1 \tag{5.26}$$

用拉格朗日方法处理该模型，可以得到

$$w_r = \frac{\sum_{x=1}^{m}\sum_{y=1}^{m}|f_{xr} - f_{yr}|}{\sqrt{\sum_{r=1}^{k}\left(\sum_{x=1}^{m}\sum_{y=1}^{m}|f_{xr} - f_{yr}|\right)^2}} \tag{5.27}$$

由于总权重为 1，对 w_r 做归一化处理，得出 w_r 最终结果为：

$$w_r^* = \frac{\sum_{x=1}^{m}\sum_{y=1}^{m}|f_{xr} - f_{yr}|}{\sum_{r=1}^{k}\sum_{x=1}^{m}\sum_{y=1}^{m}|f_{xr} - f_{yr}|} \tag{5.28}$$

最终可得对象 S_x 的组合评价结果为：

$$F_x = w_1^* f_{x1} + w_2^* f_{x2} + \cdots + w_k^* f_{xk} \tag{5.29}$$

（2）组合赋权法兼容度检验。

采用 Spearman 检验方法检验不同的单一评价方法和离差最大化组合评价方法所得权值排名数值间的相关程度，若结果通过一致性检验，则证明采用的方法组合是合理的。设 r_i^* 为第 i 个评价对象在离差最大化组合评价下的排名结果，记第 j 种单一评价方法与组合评价权值排名数值间的 Spearman 相关系数为 c_j，n 为指标个数，则其表达式为

$$c_j = 1 - \frac{6\sum_{i=1}^{n}(r_{ij} - r_i^*)^2}{n(n^2 - 1)} \tag{5.30}$$

设 c^* 为离差最大化组合评价与 m 种单一评价方法之间的 Spearman 相关系数的平均值，即

$$c^* = \frac{1}{m}\sum_{j=1}^{m} c_j = \frac{1}{m}\sum_{j=1}^{m}\left[1 - \frac{6\sum_{i=1}^{n}(r_{ij} - r_i^*)^2}{n(n^2 - 1)}\right] \tag{5.31}$$

根据表 5.1 数据，分别利用序关系分析法、熵权法及变异系数法计算得到各级指标的权重，最终基于离差最大化组合评价方法获得离差最大化组合权重值（表 5.5、表 5.8、表 5.11、表 5.14）。利用式（5.31）计算离差最大化组合权重兼容度为 0.991 4，可知基于离差最大化组合权重的兼容度极高，能很好地综合序关系分析法、熵权法和变异系数法 3 种赋权法的权重信息，使评价结果的分布偏离程度较小，充分反映了各指标数据实际存在的意义。

5.2.4 区域海洋经济低碳化发展水平综合评价结果

结合指标权重和无量纲化的标准，分别计算区域海洋经济低碳发展水平评价得分：

$$Y = \sum_{i=1}^{n} w_i y_i \tag{5.32}$$

式中，Y 表示区域低碳经济发展水平评价得分，w_i 为一级指标离差最大化组合权重，y_i 为一级指标无量纲化指标值，n 为一级指标个数。其中，一级指标值由二级指标按照上述公式计算获得，c_i 此时表示二级指标离差最大化组合权重，y_i 为二级指标无量纲化指标值，n 为二级指标个数。

5.3 海洋经济低碳化发展水平综合评估

根据上一节的指标和评价方法，利用从《中国海洋统计年鉴》《中国海洋生态环境公报》《沿海省份统计年鉴》《能源统计年鉴》等资料上获取的2016—2020年相关指标数据开展实际测算，对沿海地区的海洋经济低碳化发展的整体水平、各分项的测算结果进行分析评估，并重点分析浙江省的海洋经济低碳化发展水平。

5.3.1 海洋经济支持系统评估

在获得序关系法、熵权法、变异系数法求出三级指标的权重分配结果后，利用离差最大化组合法对指标权重进行组合，以实现主观赋权法和客观赋权法的优势互补。研究中发现若直接基于全部三级指标进行权重计算，并由三级指标权重相加获得二级指标权重，则二级指标的权重容易受三级指标个数的影响，二级指标权重会随着三级指标个数的增加而存在增大的现象。因此，本研究通过逐级计算指标权重的方式获取各个指标权重，实例研究对比验证也证实了该方式更加合理，获取的海洋经济支持系统各级指标的单一权重赋权法及组合赋权法的权重结果如表5.5所示。

根据表5.5可知，在海洋经济支持系统中，海洋经济规模与海洋经济质量发挥的作用相当，权重分别为0.367 2和0.379 2，比海洋经济产业结构影响更大，其权重为0.253 7。根据表5.5所获得的指标权重，测算得到2016—2020年沿海地区的海洋经济支持系统各级指标的平均评估结果和不同年份评估值分别如表5.6所示，指标评估值越高状况越好。

表 5.5　海洋经济支持系统指标权重

海洋经济支持系统						
二级指标	权重	三级指标	序关系分析法	熵权法	变异系数法	离差最大化组合法
海洋经济规模	0.367 2	海洋生产总值占地区 GDP 的比重	0.124 4	0.113 7	0.167 6	0.134 4
		人均生产总值	0.093 4	0.107 1	0.165 7	0.115 1
海洋经济质量	0.379 2	海域集约利用指数	0.150 5	0.113 4	0.087 5	0.127 7
		海洋产业岸线经济密度	0.242 3	0.126 0	0.090 7	0.183 3
		可再生资源消费量	0.136 8	0.113 9	0.081 8	0.118 4
		单位 GDP 能源消耗量	0.077 9	0.100 3	0.073 3	0.080 1
海洋产业结构	0.253 7	海洋第二产业占比	0.040 0	0.079 0	0.082 4	0.057 5
		产业结构熵数	0.048 3	0.087 2	0.085 5	0.064 4
		海洋科研教育管理服务占比	0.053 2	0.087 4	0.087 2	0.067 7
		海洋第三产业占比	0.033 3	0.072 0	0.078 2	0.051 4

表 5.6　不同年份沿海地区海洋经济支持系统评估结果

年份	天津	河北	辽宁	上海	江苏	浙江	福建	山东	广东	广西	海南
2016	70.02	54.04	61.27	84.09	59.23	68.21	74.27	63.92	70.86	59.70	72.57
2017	72.47	55.52	62.34	87.75	61.39	69.38	75.88	64.90	72.41	60.60	73.43
2018	73.85	56.85	62.83	89.98	62.46	70.62	77.36	66.33	73.85	61.40	74.78
2019	77.98	57.80	64.64	93.87	62.21	71.65	77.53	68.02	77.13	62.51	75.87
2020	72.32	57.98	64.27	90.11	63.03	71.24	75.45	68.84	77.25	62.40	75.83
平均值	73.33	56.44	63.07	89.16	61.66	70.22	76.10	66.40	74.30	61.32	74.50

进一步对浙江省进行着重分析发现，2016—2020 年浙江省的海洋经济支持系统的评估值处于稳定上升状态，2020 年有所下降（表 5.6）。总体来说，浙江省海洋产业结构处于较高水平，浙江省的海洋科研教育管理服务业占比一直维持在 20%~30%之间。

2016—2019 年浙江省的海洋经济规模、海洋经济质量以及海洋产业结构评估值均处于稳步上升状态（表 5.7）。相较于 2019 年，2020 年浙江省的海洋经济规模和海洋产业结构评估值有所下降，海洋经济质量评估值仍处于稳步上升状态。具体表现为，在海洋经济质量方面，海域集约利用指数、海洋产业岸线经济密度一直处于稳步上升状态，可再生资源消耗量由 824×10^4 t 上升至 $1\ 089\times10^4$ t。随着“低污染、低能耗”的经济增长模式的普及，浙江省推动海洋经济的绿色发展，可再生资源消耗量处于稳步上升的状态。在海洋经济规模方面，随着“建设海洋强国”奋斗目标的提出，浙江省对海洋经济的发展更加重视，大力发展海洋经济，海洋生产总值一直处于稳步上升状态，人均生产总值均处于上升状态。然而，2020 年由于年末人口数较多，导致 2020 年人均生产总值较 2019 年有所下降。随着“优化海洋产业结构”等重要举措的实施，浙江省逐渐调整产业结构，进行产业结构升级与优化，大力发展新兴产业、教育服务业等第三产业。具体表现为，在海洋产业结构方面，浙江省的海洋科研教育管理服务占比一直处于上升状态，海洋第三产业占海洋三次产业的比重由 2016 年的 57.7%到 2019 年上升至 63.9%，后于 2020 年又下降至 62%，海洋第二产业占海洋三次产业的比重从 2016 年至 2019 年一直在稳步下降，相较于 2019 年，2020 年的海洋第二产业占海洋三次产业的比重有所上升，由 28.9%上升至 30.7%。

表 5.7　2016—2020 年浙江省海洋经济支持系统各级指标评估结果

一级指标	二级指标	2016 年	2017 年	2018 年	2019 年	2020 年	平均
海洋经济支持系统	海洋经济规模	15.472 6	15.478 6	15.557 4	15.593 8	15.431 8	15.506 8
	海洋经济质量	32.433 3	32.526 1	33.078 2	33.708 6	33.744 7	33.098 2
	海洋产业结构	18.215 1	18.846 8	19.154 4	19.333 6	19.224 7	18.954 9

5.3.2　海洋生态支持系统评估

根据 5.3.1 节的权重赋权方法，计算获得的海洋生态支持系统各级指标权重如表 5.8 所示。在海洋生态支持系统中，海洋生态压力与海洋生态状态发挥的作用更大，权重分别为 0.347 6 和 0.380 1，海洋经济碳排放指标权重最小，部分原因是现有的清单数据数值差异较小且仍然存在较大的不确定性。根据获得的指标权重，测算得到 2016—2020 年沿海地区的海洋生态支持系统各级指标的平均评估结果和不同年份评估值分别如表 5.9 所示，指标评估值越高状况越好。

表 5.8 海洋生态支持系统指标权重

海洋生态支持系统						
二级指标	权重	三级指标	序关系分析法	熵权法	变异系数法	离差最大化组合法
海洋生态压力	0.347 6	直接排海废水量	0.011 1	0.043 0	0.082 6	0.032 8
		沿海港口外贸货物吞吐量	0.114 4	0.105 8	0.144 3	0.118 2
		沿海万吨级以上港口码头泊位数	0.044 5	0.083 5	0.126 7	0.070 0
海洋生态状态	0.380 1	海洋自然保护区面积	0.064 5	0.089 3	0.061 7	0.069 9
		湿地面积	0.125 8	0.1093	0.059 7	0.108 8
		人均水资源拥有量	0.200 9	0.125 8	0.061 2	0.155 3
		森林覆盖率	0.241 1	0.150 9	0.064 4	0.184 6
		森林面积	0.138 4	0.112 3	0.060 7	0.116 8
海洋经济碳排放	0.275 2	海洋经济碳排放总量	0.017 4	0.055 8	0.078 9	0.038 8
		海洋经济碳排放强度	0.027 6	0.072 2	0.099 4	0.052 5
		海洋经济碳排放足迹	0.014 4	0.052 1	0.095 8	0.039 5

表 5.9 不同年份沿海地区海洋生态支持系统评估结果

年份	天津	河北	辽宁	上海	江苏	浙江	福建	山东	广东	广西	海南
2016	73.62	71.38	69.00	71.40	85.26	81.46	90.76	60.66	78.31	98.02	91.11
2017	73.49	70.43	68.69	70.95	88.20	79.42	87.25	58.71	76.27	99.16	93.29
2018	73.11	70.33	69.67	71.64	85.51	79.14	83.85	58.25	75.92	97.67	90.53
2019	69.27	69.78	68.92	71.94	85.32	79.82	86.77	57.21	76.94	97.82	90.18
2020	70.47	69.90	68.68	73.04	85.55	78.52	85.66	56.96	76.13	97.40	90.45
平均值	71.99	70.36	68.99	71.79	85.97	79.67	86.86	58.36	76.71	98.01	91.11

如表 5.9 所示，2016—2020 年沿海地区海洋生态支持系统的评估值波动不大，并且整体处于下降状态。其中，广西壮族自治区和海南省的海洋生态支持系统评估值处于高水平，其次是福建省和江苏省的海洋生态系统评估值处于较高水平，然后浙江省、广东省、天津市、上海市和河北省的海洋生态支持系统评估值处于中等水平，辽宁省和山东省的海洋生态系统评估值处于较低水平。

广西壮族自治区和海南省位于沿海地区人均水资源拥有量的前三位，广西壮族自治区和海南省的海洋经济碳排放总量处于较低水平，广西壮族自治区森林面积和森林覆盖率较高，海南省的森林覆盖率和海洋自然保护区面积极高。评估值较高的福建省和江苏省的沿海港口外贸货物吞吐量和沿海万吨级以上港口码头泊位数均处于较低水平，位于沿海地区排名后五位；江苏省的直接排海废水量位于较低的水平，海洋湿地面积较高，位于沿海地区首位。福建省的人均水资源拥有量、森林面积、森林覆盖率均处于较高水平。对于评估值处于中等水平的省（区、市），其中，浙江省和广东省的海洋经济碳排放压力低，海洋生态状态较高，浙江省和广东省的湿地面积、森林覆盖率和人均水资源拥有量位于沿海地区排名前五位；天津市的海洋生态压力较低，其沿海港口外贸货物吞吐量和沿海万吨级以上港口码头泊位数均位于沿海地区后四位，海洋经济碳排放处于中等水平；上海市的海洋生态压力和海洋经济碳排放压力均较低，其直接排海废水量较低，位于沿海地区排名后四位，对海洋生态造成的压力较小；河北省的海洋生态压力和海洋经济碳排放压力均处于中等水平。对于评估值处于较低状况的省份，其中，辽宁省的海洋生态压力和海洋生态状态均处于中等水平，海洋经济碳排放的压力较大；山东省的海洋生态状态较低，海洋经济碳排放压力和海洋生态压力较大。

进一步对浙江省进行着重分析发现，2016—2020 年浙江省的海洋生态支持系统的评估值处于先下降后上升状态（表 5.9）。具体而言，浙江省海洋经济碳排放压力低，海洋生态状态较高，其中，浙江省的湿地面积、森林面积、森林覆盖率、人均水资源拥有量和自然保护区面积均位于沿海地区排名前五位，处于较高水平。

2016—2020 年浙江省的海洋生态压力评估值稳步降低（表 5.10），这说明近年来浙江省海洋生态压力逐渐上升；浙江省针对海洋经济的发展采取低碳化政策，海洋经济碳排放评估值稳步上升，海洋经济碳排放压力逐渐降低；浙江省海洋生态状态处于先下降后上升的状态。具体表现为，在海洋生态压力方面，2016—2017 年的直接排海废水量有一定上升，2018 年获得了控制，与 2017 年的直接排海废水量不相上下，2019 年的直接排海废水量有一定上升，但是上升幅度低于 2017 年，2020 年的直接排海废水量再次得到了控制，小于 2019 年直接排海废水量。然而，浙江省沿海万吨级以上港口码头泊位数和沿海港口外贸货物吞吐量在逐渐增加，给海洋生态造成的压力也在逐步增加。在海洋生态状态方面，随着中国海洋经济统计公报“保护海洋环境，拓展蓝色空间”要求的提出，浙江省协调海洋生态的保护与经济发展，统筹规划海洋与陆地资源，促进海洋与人类的和谐共存。2016 年与 2019 年，浙江省的人均水资源拥有量大于 2 000 m^3/人，2017 年、2018 年与 2020 年，浙江省人均水资源拥有量维持在 1 500～1 600 m^3/人。2016—2020 年浙江省的森林面积一直处于稳步上升状态，上升幅度较低，由 601.36×10^4 hm^2 上升至 604.99×10^4 hm^2，森林覆盖率由 59.07%上升至 59.43%。在海洋经济碳排放方面，2016—2020 年浙江省海洋经济碳排放强度一直处于下降状态，给海洋生态带来的碳排放压力也在逐渐下降，2016—2017 年海洋经济碳足迹处于下降状态，2018 年的海洋经济碳足迹有所上升，2018—2020 年海洋经济碳足迹处于稳定下降状态。

表 5.10　2016—2020 年浙江省海洋生态支持系统各级指标评估结果

一级指标	二级指标	2016 年	2017 年	2018 年	2019 年	2020 年	平均
海洋生态支持系统	海洋生态压力	15.400 3	14.765 6	14.387 7	14.139 5	13.810 4	14.500 7
	海洋生态状态	47.443 3	46.287 2	46.262 0	47.257 8	46.279 4	46.705 9
	海洋经济碳排放	12.105 4	12.135 7	12.253 6	12.326 3	12.366 0	12.237 4

5.3.3　海洋社会支持系统评估

根据 5.3.1 节的权重赋权方法，计算获得的海洋社会支持系统各级指标权重如表 5.11 所示。在海洋社会支持系统中，海洋创新产出和海洋创新投入发挥的作用更大，权重分别为 0.412 3 和 0.360 8，海洋科技基础建设发挥的影响最小，权重为 0.226 9。根据获得的指标权重，2016—2020 年沿海地区的海洋社会支持系统各级指标的平均评估结果和不同年份评估值分别如表 5.12 所示，指标评估值越高状况越好。

表 5.11　海洋社会支持系统指标权重

海洋社会支持系统						
二级指标	权重	三级指标	序关系分析法	熵权法	变异系数法	离差最大化组合法
海洋科技基础建设	0.226 9	海洋科研机构数量	0.034 6	0.132 6	0.149 4	0.077 3
		高等学校涉海专业点数量	0.080 2	0.200 8	0.184 0	0.126 4
海洋创新投入	0.360 8	海洋研究与开发机构 R&D 经费投入	0.227 0	0.164 7	0.137 9	0.197 1
		海洋研究与开发机构 R&D 人员数量	0.088 2	0.128 6	0.123 2	0.103 7
		海洋科研机构科研人员研究生以上学历比重	0.016 1	0.040 1	0.072 2	0.031 4
海洋创新产出	0.412 3	海洋专利授权数	0.155 0	0.141 6	0.155 0	0.151 8
		海洋研究与开发机构 R&D 课题数量	0.398 8	0.191 8	0.178 4	0.312 3

表 5.12 不同年份沿海地区海洋社会支持系统评估结果

年份	天津	河北	辽宁	上海	江苏	浙江	福建	山东	广东	广西	海南
2016	60.79	55.05	62.66	73.16	67.71	59.86	63.56	71.91	84.73	50.85	52.55
2017	59.73	53.80	65.66	66.41	70.38	61.57	59.75	79.72	91.69	53.07	50.00
2018	56.73	56.83	62.01	62.88	62.23	61.57	57.94	85.48	90.75	54.98	53.16
2019	56.92	56.06	63.68	62.64	71.98	61.31	61.27	85.98	92.19	54.72	53.65
2020	58.20	55.39	63.51	80.49	70.12	61.89	60.00	90.44	93.08	55.07	55.04
平均值	58.47	55.43	63.50	69.12	68.48	61.24	60.50	82.71	90.49	53.74	52.88

如表 5.12 所示，2016—2020 年沿海地区海洋社会支持系统的评估值波动不大，并且大部分沿海地区整体处于上升趋势。其中，广东省和山东省的海洋社会支持系统评估处于高水平，上海市、江苏省、辽宁省、浙江省和福建省的海洋社会支持系统处于中等水平，天津市、河北省、广西壮族自治区和海南省海洋社会支持系统评估值较低。

广东省和山东省的海洋研究与开发机构 R&D 人员数量也处于较高水平，与其他沿海地区以“断崖式”的差距遥遥领先。广东省的海洋创新投入和海洋创新产出均为最高，海洋专利授权数由 788 个上升至 978 个，一直处于较高水平。山东省的海洋研究与开发机构 R&D 课题数量和专利授权数目都处于较高水平，山东高等学校涉海专业点数量在沿海省份中处于最高水平。对于评估值处于中等水平的省（区、市），上海市海洋创新产出较高，2020 年专利授权数达到了 389 个，位于沿海城市前三名，海洋创新投入处于中等水平，2020 年海洋研究与开发机构 R&D 经费投入高达 263 571 万元；江苏省的海洋基础建设与海洋创新产出评估值均处于中等水平，高等学校涉海专业点数量较多，维持在 90 个以上，海洋研究与开发机构 R&D 课题数量由 1 852 个上升至 1 905 个；辽宁省、浙江省和福建省的海洋科技基础建设评估值处于中等水平。辽宁省海洋研究与开发机构 R&D 投入经费较高，2020 年海洋研究与开发机构 R&D 投入经费高达 98 969 万元，在沿海省（区、市）中排名第四位，专利授权数达到了 243 个，位于沿海省（区、市）中等偏上水平。浙江省的海洋基础建设高等学校涉海专业点数量较高，福建省海洋研究与开发机构 R&D 课题数量较高。对于评估值处于较低状况的省（区、市），其中，天津市的海洋科技基础建设和海洋创新投入为较低水平，海洋创新产出处于较低水平。河北省、广西壮族自治区和海南省 3 个省区情况相似，海洋科研机构数量等海洋科技基础建设情况较低，海洋科研经费投入和海洋科研机构科技人员研究生以上学历比重等海洋创新投入较低，海洋研究与开发机构 R&D 课题数量和专利授权数等海洋创新产出较低，进而海洋社会支持系统评估值较低。

进一步对浙江省进行重点分析发现，2016—2020 年，浙江省海洋社会支持系统评估值处于波动状态，然而波动范围不是很大（表 5.12）。具体而言，浙江省的海洋基础建设高等学校涉海专业点数量较高，其海洋科研机构科研人员研究生以上学历比重由 2016 年 0.5~0.6 上升至 2020 年 0.6 左右。

2016—2020 年，浙江省的海洋创新产出属于稳步上升状态（表 5.13），这说明，近年来浙江省海洋创新产出的专利课题等数目逐渐上升。浙江省海洋科技基础建设和海洋创新投入评估值均处于波动状态，2016—2017 年，浙江省海洋创新投入评估值处于上升状态，2018—2020 年，浙江省海洋创新投入评估值也处于上升状态。除此之外，2017—2019 年，海洋科技基础建设评估值处于下降状态。具体表现为，在海洋科技基础建设方面，2016 年和 2017 年海洋科研机构数目为 19 个，2018 年和 2019 年下降至 17 个，2020 年上升至 18 个；浙江省高等学校涉海专业点数量一直处于下降状态；在海洋创新投入方面，浙江省增强创新驱动发展能力，推动海洋产业结构转型升级，增加海洋社会支持，有利于海洋经济低碳化发展。2017 年浙江省海洋研究与开发机构 R&D 经费投入数量和海洋研究与开发机构 R&D 人员数量达到了最高，分别为 54 980.3 万元和 1 028 人，2018 年有所下降，2018—2020 年浙江省海洋研究与开发机构 R&D 经费投入一直处于稳步上升状态；海洋科研机构科技人员研究生以上学历比重一直在增加，为海洋科学培养的高学历人才越来越多。在海洋创新产出方面，2016—2019 年，浙江省的海洋专利授权数由 126 个上升至 276 个，2020 年下降至 254 个；2016—2020 年，浙江省海洋研究与开发机构 R&D 课题数量稳步上升，其中，2019 年海洋研究与开发机构 R&D 课题数量下降至 594 个，2020 年再次上升至 670 个。

表 5.13　2016—2020 年浙江省海洋社会支持系统各级指标评估结果

一级指标	二级指标	2016 年	2017 年	2018 年	2019 年	2020 年	平均
海洋社会支持系统	海洋科技基础建设	14.078 7	14.519 7	14.223 4	13.781 3	13.881 6	14.096 9
	海洋创新投入	19.200 5	19.578 4	19.038 3	19.109 7	19.315 2	19.248 4
	海洋创新产出	25.446 7	26.189 4	27.343 3	27.561 4	27.768 4	26.861 8

5.3.4　海洋经济低碳发展综合评估

根据 5.3.1 节至 5.3.3 节的各级指标权重值，经计算获得的海洋经济支持系统、海洋生态支持系统以及海洋社会支持系统指标权重如表 5.14 所示，其中，海洋生态支持系统的权重最大，说明海洋生态支持系统对海洋经济低碳发展综合评估的影响最大，其次是海洋经济支持系统，海洋社会支持系统发挥作用最小。利用上文海洋经济支持系统、海洋生态支持系统以及海洋社会支持系统的评估值以及其各个指标的权重（表 5.14），计算 2016—2020 年各个沿海省（区、市）的海洋经济低碳发展的综合评估值，结果如下。

表 5.14 海洋经济低碳发展指标权重

指标	海洋经济支持系统	海洋生态支持系统	海洋社会支持系统
权重	0.313 9	0.387 6	0.298 5

根据评估结果 11 个沿海省（区、市）分为三个梯队：广东省、上海市、福建省和海南省为高水平地区；广西壮族自治区、江苏省、浙江省、天津市和山东省为中等水平地区；辽宁省和河北省为低水平地区。

（1）第一梯队包括广东省、上海市、福建省和海南省，这 4 个地区海洋经济低碳化发展水平较高，其海洋经济低碳化发展评估得分的平均值分别为 81.13、77.60、75.95 和 74.53。

2016—2020 年，广东省海洋经济低碳化发展水平遥遥领先于其他 10 个沿海省（区、市），由于广东省的海洋创新投入和产出处于较高水平，导致其在海洋社会支持系统的评估值遥遥领先于其他地区；广东省拥有广阔的海域面积和丰富的海洋物质资源，造成海洋产业集聚，使其在海洋经济支持系统中处于领先位置。但广东省的海洋生态环境支持存在不足，其沿海港口外贸货物吞吐量、直接排海废水量以及海洋经济碳排放总量处于较高水平，给海洋生态带来了较大的压力，导致其海洋生态支持处于靠后位置。

上海市的海洋经济低碳化水平位于第二名，上海市作为国际城市，城市整体经济实力突出，在经济发展方面处于遥遥领先的地位，能够为海洋经济低碳化发展提供高质量的经济支持；上海市海洋社会支持包括海洋研究与开发机构 R&D 经费投入和专利授权数量等较高，导致海洋社会支持水平也处于领先地位。然而，在海洋生态支持方面，上海市湿地面积、森林面积以及森林覆盖率等较低，处于靠后位置，导致上海市的海洋生态支持水平较低。

福建省和海南省的海洋经济低碳化发展较好，发展水平评估得分接近。海南省和福建省的海洋生态支持水平较高，在沿海地区海洋生态支持排名中分别位于第二、第三位。福建省和海南省在海洋经济支持系统排名分别处于第三、第五位，均位于海洋经济发展前列，因为福建省和海南省的海洋经济发展起步都较早，较早察觉海洋经济发展的价值，海洋生产总值占地区生产总值比重均较高，保持在 25%～30%的水平。然而，福建省的社会支持评估处于中等位置，海南省的海洋创新投入以及海洋创新产出都较低，导致其在社会支持评估中较低。

（2）第二梯队包括广西壮族自治区、江苏省、浙江省、天津市和山东省，这几个沿海省（区、市）海洋经济低碳化发展评估得分的平均值分别为72.49、72.41、70.60、67.51以及67.04，整体差距不大。

广西壮族自治区具有较高的海洋生态支持水平，位居沿海11省（区、市）之首。然而广西壮族自治区海洋产业发展动力不足，海洋生产总值占地区生产总值比重较低，人均生产总值较低，海洋经济发展缓慢等问题，导致其海洋经济支持水平处于靠后位置。海洋科研经费投入和海洋科研机构科技人员研究生以上学历比重等海洋创新投入较低，导致其海洋社会支持水平也处于较低位置。江苏省的海洋生态压力较小，以及海洋生态状态水平较高，导致其生态支持系统评估值较高，江苏省的海洋社会支持水平较高，然而，江苏省的海洋经济支持水平处于明显靠后位置。浙江省和天津市的海洋经济支持、海洋生态支持和海洋社会支持评估均处于中等水平。山东省的海洋科技基础建设、海洋创新投入和海洋创新产出水平均较高，导致其海洋社会支持水平较高，排名为第二位。山东省的海洋经济支持水平处于中等水平，然而山东省的海洋生态状态较差、海洋生态压力较高、海洋碳排放压力较大导致海洋生态支持系统评估水平很低，排名倒数第一位。

3）第三梯队包括辽宁省和河北省，根据综合评估结果，2016—2020年辽宁省与河北省海洋经济低碳化发展水平平均分值分别为63.73和58.81，各年份两省的海洋经济低碳化发展排名始终位于末端。

辽宁省的海洋社会支持处于中等水平，而海洋生态支持和海洋经济支持处于靠后水平，其中，海洋生态支持处于明显靠后水平。河北省海洋新兴产业发展较慢，海洋经济发展主要依靠传统渔业、制盐、航运等传统产业，未能有效开发利用海洋资源，缺少将海洋资源优势转化为海洋产业优势方面的投入，导致其在海洋经济中的支持处于明显靠后位置。另一方面，河北省在海洋经济科研创新发展方面较落后，科研机构和科研人员数量等海洋创新投入水平较低，导致海洋创新产出处于靠后水平，最终导致海洋社会支持水平处于靠后位置。此外，河北省的海洋生态压力较高以及海洋生态状态较差导致其海洋生态支持水平也处于靠后位置。相关数据表格可见表5.15。

表5.15　不同年份沿海地区海洋经济低碳发展评估

年份	天津	河北	辽宁	上海	江苏	浙江	福建	山东	广东	广西	海南
2016	67.68	58.15	62.70	76.76	70.83	70.09	77.99	63.30	78.42	70.83	73.63
2017	68.26	57.90	64.04	75.71	73.95	70.27	75.77	65.55	80.58	72.48	74.06
2018	67.61	59.46	63.41	75.70	70.36	70.65	74.24	67.93	80.68	72.80	74.48

续表

年份	天津	河北	辽宁	上海	江苏	浙江	福建	山东	广东	广西	海南
2019	67.66	59.33	64.39	77.35	73.56	71.28	76.76	68.34	82.98	73.24	74.95
2020	66.33	59.23	64.08	82.50	73.36	70.74	74.97	70.11	82.97	73.13	75.53
平均值	67.51	58.81	63.73	77.60	72.41	70.60	75.95	67.04	81.13	72.49	74.53

进一步重点分析浙江省的海洋经济低碳化发展发现，2016—2020年，浙江省的海洋经济低碳化发展处于先上升后下降的状态（表5.15）。2016—2019年，浙江省海洋经济低碳化发展水平稳步上升，然而相较于2019年，2020年浙江省海洋经济低碳化发展水平有所下降，但仍高于2018年。

随着浙江省海洋经济绿色发展、可持续发展等战略目标的实施，浙江省海洋经济低碳化发展水平逐渐提高。在海洋经济支持系统方面，浙江省以海洋领域供给侧结构性改革为主线，大力发展海洋经济。2016—2019年，浙江省的海洋经济支持系统的评估值处于稳定上升状态，2020年略有下降。2016—2020年，海洋经济质量评估仍处于稳步上升状态，2016—2019年，浙江省的海洋经济规模和海洋产业结构评估值均处于稳步上升状态，相较于2019年，2020年浙江省的海洋经济规模和海洋产业结构评估值略有下降，但2020年海洋产业结构评估值仍高于2018年海洋产业结构评估值；在海洋生态支持系统方面，2016—2020年，海洋生态支持系统评估值一直处于下降状态。具体而言，海洋生态压力评估值在逐渐下降，海洋生态面临的压力逐渐上升。2016—2019年，浙江省海洋生态状态评估值在逐渐下降，并于2020年略有回升。浙江省注重海洋经济低碳化政策的实施，海洋经济碳排放评估值在逐渐上升；在海洋社会支持系统方面，2016—2020年，浙江省的海洋社会支持系统的评估值处于波动状态，并且波动范围较小。具体而言，2016—2020年，浙江省的海洋创新产出评估值属于稳步上升状态；浙江省海洋科技基础建设和海洋创新投入评估值均处于波动状态，2016—2017年，浙江省海洋创新投入评估值处于上升状态，2018—2020年，浙江省海洋创新投入评估值也处于上升状态；除此之外，2017—2019年，海洋科技基础建设评估值处于下降的状态。

6 浙江省海洋经济与碳排放关联分析

本章重点从海洋经济产业发展的角度探索了其与海洋经济碳排放的关联性，首先，对中国沿海地区的海洋产业转型升级评价与空间关联进行分析，以揭示各个产业之间的复杂联系，为海洋产业结构优化提供理论基础；其次，在此基础上，从动力机制和约束机制两方面深入探讨浙江省海洋产业布局形成机制；最后，对中国沿海地区的海洋经济与碳排放进行关联分析，挖掘海洋经济产业与碳排放之间的联系，以期通过产业调整实现海洋经济低碳发展的目标，并为海洋经济的低碳发展提供建议。

6.1 浙江省海洋产业转型升级评价与空间关联分析

6.1.1 海洋产业转型升级评价体系的建立

随着我国经济的增速放缓，各种经济结构性矛盾逐渐显现出来，加快产业结构调整与产业升级，进而推动经济发展已经迫在眉睫[123]。将产业结构从“一、三、二”向“三、二、一”调整，能够优化产业资源配置，促进产业结构由低层次向高层次发展，实现传统高碳排放的产业向低碳排放的绿色产业的转型升级，进而推动海洋经济的低碳化与可持续发展[124]。

本研究综合考虑海洋产业转型升级内涵和中国海洋产业发展现状，遵循指标选取的科学性、全面性、代表性以及可操作性原则，充分理解海洋产业转型升级的各方面需求，构建海洋产业转型升级综合评价指标体系，以衡量中国 11 个沿海省（区、市）的海洋产业转型升级优化程度，主要从海洋产业结构调整、海洋产业绿色化、海洋产业科技创新能力和海洋产业组织水平 4 个维度进行综合评价，共涵盖 14 个指标（表 6.1）。综合考虑指标的系统性和层次性，将指标体系分为目标层、准则层和指标层 3 个层次，目标层为最终海洋产业转型升级评价结果，准则层从海洋产业结构调整、海洋产业绿色化、海洋产业科技创新能力和海洋产业组织水平 4 个层面进行介绍，指标层则为根据不同维度选取的 14 个具体指标。分层指标体系的设计有助于更好地理解海洋产业转型升级的目标和准则，并细化具体的评价指标。

表 6.1　海洋产业转型升级评价指标体系

目标层	准则层	指标层	指标意义
海洋产业转型升级评价	海洋产业结构调整	产业结构高级化水平	反映海洋产业结构的服务化趋势
		产业结构合理化水平	反映海洋产业协调发展程度
		产业结构高度化水平	反映海洋产业结构的高技术化、高集约化发展趋势
	海洋产业绿色化	能源消费强度	反映海洋产业低碳化发展
		单位 GDP 直接排海废水量	反映海洋生态环境治理水平
		海洋自然保护区面积	反映海洋生态环境治理水平
	海洋产业科技创新能力	海洋科研机构数	反映海洋科技创新潜力
		海洋科研机构科技课题数	反映海洋科研能力
		海洋科研机构拥有的发明专利总数	反映海洋科研能力
		海洋科研机构从业人数	反映海洋科研素质
		海洋科研机构科技活动人员中硕士以上学历占比	反映海洋科研素质
	海洋产业组织水平	海洋第一产业集聚度	反映海洋三大产业集聚程度
		海洋第二产业集聚度	
		海洋第三产业集聚度	

（1）海洋产业结构调整。

传统产业的发展乏力与新兴产业的发展不足，导致了海洋经济结构性问题日益凸显，造成我国海洋经济增速下降，导致海洋经济的发展面临巨大挑战。为了应对海洋经济结构性问题，需要加快产业结构调整，发挥产业升级对经济发展的推动作用。通过推动产业升级，能够促进不同产业之间的协调发展，提高资源的配置效率，以实现海洋经济的转型升级[125]。海洋产业结构调整体系包括海洋产业结构高级化水平、合理化水平和高度化水平 3 个代表性指标。首先，需要提高海洋产业结构的高级化水平，即加强高技术、高附加值产业的发展。其次，要实现海洋产业结构的合理化，即通过合理配置资源和产业布局来提高效益和竞争力。最后，需要提高海洋产业结构的高度化水平，即通过整合和协同发展不同产业，实现全产业链的发展。

海洋产业结构高级化水平：由于海洋产业的特殊性，以传统的以非农业产值比重为度量的方式衡量海洋产业结构高级化程度存在一定难度，因此，本节借鉴以第三产业与第二产业的产值之比衡量产业结构高级化程度的方法[125]，以海洋第三产业与第二产业增加值之比反映海洋产业结构高级化水平，这一指标考察了海洋产业结构朝着“经济服务化”方向推进程度。产业结构的高级化程度越高，证明海洋产业朝着更加综合、高附加值的方向发展，有利于提高产业质量和综合竞争力。

海洋产业结构合理化水平：选取海域集约利用指数这一指标衡量海洋产业结构的合理化程度，具体表现为海洋经济总值与确权海域面积之比。这一指标考察了资源在不同产业间的配置结构和利用程度，反映了资源利用的效率和均衡度。提高产业结构的合理化水平，可以优化资源配置，提高资源的有效利用程度，促使不同产业协调发展。

海洋产业结构高度化水平：采取海洋科研教育管理服务业发展指数之比衡量海洋产业结构的高度化水平，具体表现为科研、教育和管理服务等高附加值产业在海洋产业中的比重，反映了海洋产业结构是否朝着高附加值化、高技术化、高集约化发展。提高海洋产业结构的高度化水平，有利于推动技术创新和转型升级，加强资源的集约化利用，以提高海洋产业的综合竞争力和可持续发展水平。

（2）海洋产业绿色化。

海洋经济的发展与海洋生态环境的保护密切关联，注重防止海洋生态环境恶化，积极推动绿色产业的发展，有利于海洋经济的持续增长。发展绿色海洋产业是实现海洋经济增长和保护海洋生态环境的重要途径。绿色产业的发展注重环境保护和资源可持续利用，有利于经济发展与生态环境保护的良性循环，符合我国海洋强国建设和海洋生态文明建设要求[126]。海洋产业绿色化发展的评价需要依靠指标体系，其中包括能源消费强度、单位GDP直接排海废水量和海洋自然保护区面积这3个代表性指标。这些指标可以客观地评估海洋产业的绿色化水平，并为制定相应的政策和措施提供依据。通过控制能源消费强度、减少单位GDP直接排海废水量和扩大海洋自然保护区面积等措施，可以推动海洋产业的绿色化发展。

（3）海洋产业科技创新能力。

海洋产业科技创新对海洋经济高质量发展和海洋产业转型升级具有关键的驱动作用，强大的科技创新能力有利于海洋产业保持竞争优势，进而实现海洋经济的可持续发展[127]。海洋产业的科技创新能力体系包括多个代表性指标，如海洋科研机构拥有发明专利总数、海洋科研机构从业人数、海洋科研机构科技活动人员中硕士以上学历占比等。海洋科技机构的数量能够衡量地区海洋科技创新的发展潜力，机构数越多意味着该地区有越多的科研资源和创新动力，有利于海洋产业的发展。海洋科研机构的科技课题数和发明专利总数用以反映海洋产业的科技创新能力，课题和专利数量越多意味着创新成果和技术应用越多。此外，海洋科研机构从业人数从数量上体现了海洋产业科研人员的素质，科技活动人员中硕士以上学历的比例则从质量上代表了海洋产业科研人员的专业能力。高教育水平的科研人员有助于提升产业的科技水平和竞争力，进而促进海洋产业的进一步优化升级，为海洋产业的发展注入活力和创新动力。因此，加强科技创新的投入和支持，加强科研人员的培养和引进，重视科技创新能力的培养和提升，有利于推动海洋产业科技创新能力的发展，实现海洋产业的转型升级，为海洋经济的可持续发展做出积极贡献。

（4）海洋产业组织水平。

海洋产业组织水平主要通过产业集聚效应推动海洋产业的经济发展，政府采取了一系列政策来推动海洋产业聚集区的形成以提高海洋产业组织水平进而促进海洋产业的发展。产业集聚能够整合各类资源，降低企业的成本，改进技术水平，提高整体竞争力，对优化海洋产业结构、提高资源配置效率以及推动海洋产业的发展具有积极的影响[128]。海洋产业组织水平体系主要从海洋第一产业集聚度、海洋第二产业集聚度、海洋第三产业集聚度3个代表性指标进行介绍。海洋第一产业的集聚度指标反映了农渔业等海洋初级产业的聚集程度，海洋第二产业的集聚度指标反映了制造业和加工业等海洋中级产业的聚集程度，海洋第三产业的集聚度指标则反映了服务业和创新型产业等海洋高级产业的聚集程度。政府在制定政策时应继续关注和支持海洋产业的集聚发展，为产业集聚提供有利的政策环境和支持措施。同时，企业也应积极参与产业集聚，通过资源整合和合作创新，共同推动海洋产业的发展，实现产业结构的优化和升级。通过产业集聚的方式，海洋产业能够更好地发挥其经济效益和社会效益，为海洋经济的可持续发展做出积极贡献。

产业集聚度：采用区位熵方法衡量海洋产业的集聚程度，从产业集群发展角度反映产业组织水平[129]。产业集聚能够促进资本、人才、技术等资源的整合，实现资源的合理配置，促进产业结构的优化调整。计算公式如下：

$$E_{ij} = \frac{q_{ij}}{q_i} \div \frac{Q_j}{Q} \tag{6.1}$$

其中，q_{ij} 指 i 地区海洋产业 j 的总产值，q_i 指 i 地区的海洋经济总产值，Q_j 指国家海洋产业 j 的总产值，Q 指国家的海洋经济总产值。

6.1.2 评价分析方法

在进行海洋产业转型升级评价时，通过确定指标层权重大小判断不同维度和指标的相对重要程度，为避免评价指标主观性的影响，本节充分结合熵权法与 TOPSIS 评价方法进行海洋产业转型升级评价分析[130]。

TOPSIS 评价方法首先对数据进行归一化处理获得数据矩阵，然后构造最优解和最劣解，比较与两个极端解之间的相对距离，并量化排序以获得海洋产业转型升级的排序结果[131]。具体步骤如下：

（1）通过归一化构建加权数据矩阵 W

$$W = w_{ij_{m\times n}}, \quad w_{ij} = v_j \times x'_{ij} \tag{6.2}$$

（2）根据数据矩阵判断最优解 R_j^+ 和最劣解 R_j^-

$$R_j^+ = (\max r_{i1}, \ \max r_{i2}, \ \cdots, \ \max r_{in}) \tag{6.3}$$

$$R_j^- = (\min r_{i1}, \ \min r_{i2}, \ \cdots, \ \min r_{in}) \tag{6.4}$$

（3）计算各数据指标与最优解及最劣解的欧氏距离

$$d_i^+ = \sqrt{\sum_{j=1}^{n} (R_j^+ - R_{ij})^2} \tag{6.5}$$

$$d_i^- = \sqrt{\sum_{j=1}^{n} (R_j^- - R_{ij})^2} \tag{6.6}$$

（4）计算综合评价指数

$$B_i = \frac{d_i^-}{d_i^+ + d_i^-} \tag{6.7}$$

其中，综合评价指标 B_i 介于 0 到 1 之间，且 B_i 值越大，说明省份 i 的海洋产业转型升级水平越好，反之，省份 i 的海洋产业转型升级水平越差。

6.1.3 沿海省（区、市）海洋产业转型升级水平评价

如表 6.2 所示，根据 5.2.2 节所介绍的熵权法的计算步骤计算出海洋产业转型升级评价体系各指标的权重（表 6.2），其中海洋结构合理化水平指标对海洋产业结构调整指标体系的影响最大，单位 GDP 直接排海废水量指标在海洋产业绿色化指标体系中发挥作用最大，海洋科研机构科技课题数指标对海洋产业科技创新能力指标体系的影响最大，海洋第一产业集聚度指标在海洋产业组织水平指标体系中发挥作用最大。进而运用 TOPSIS 法计算出沿海 11 省（区、市）海洋产业转型升级水平的综合得分（表 6.3）和分维度得分（表 6.4~表 6.7），结果表明，2016—2019 年浙江省的海洋产业转型升级评估值在逐步上升，2020 年有略微下降，但仍高于 2016 年。

表 6.2 海洋产业转型升级评价指标体系

目标层	准则层	指标层	熵值权重
海洋产业转型升级评价指标体系	产业结构调整	产业结构高级化水平	0.167 1
		产业结构合理化水平	0.449 1
		产业结构高度化水平	0.383 8
	海洋产业绿色化	能源消费强度	0.348 0
		单位 GDP 直接排海废水量	0.369 1
		海洋自然保护区面积	0.283 0
	海洋产业科技创新能力	海洋科研机构数	0.138 2
		海洋科研机构科技课题数	0.335 0
		海洋科研机构拥有的发明专利总数	0.247 6
		海洋科研机构从业人数	0.212 8
		海洋科研机构科技活动人员中硕士以上学历占比	0.066 4
	海洋产业组织水平	海洋第一产业集聚度	0.461 6
		海洋第二产业集聚度	0.260 3
		海洋第三产业集聚度	0.278 1

表 6.3 中国沿海省（区、市）海洋产业转型升级综合评价结果

	2016 年	2017 年	2018 年	2019 年	2020 年
天津	0.377 0	0.386 8	0.388 9	0.392 5	0.387 2
河北	0.304 6	0.312 3	0.240 6	0.270 8	0.212 5
辽宁	0.289 5	0.312 4	0.298 9	0.304 8	0.285 2
上海	0.460 9	0.477 7	0.488 9	0.507 5	0.526 9
江苏	0.408 8	0.419 1	0.430 6	0.435 0	0.432 3
浙江	0.320 8	0.332 3	0.345 9	0.348 2	0.338 5
福建	0.313 4	0.342 4	0.317 0	0.341 3	0.352 1
山东	0.383 6	0.404 7	0.443 4	0.442 4	0.467 1
广东	0.479 3	0.503 9	0.518 4	0.529 5	0.533 9
广西	0.353 9	0.371 9	0.381 8	0.358 8	0.332 1
海南	0.391 5	0.397 5	0.413 6	0.424 3	0.403 8

（1）海洋产业结构调整水平。从表6.4中可以看出，在中国的海洋产业发展中，不同地区的海洋产业结构调整水平存在明显差异。上海在海洋产业结构调整方面处于较高水平，已经实现了从“一、三、二”向“三、二、一”的转变，具有明显的优势和良好的发展空间。此外，上海具有优越的港口资源和海岸线资源，给海洋交通运输业、海洋工程装备制造业和海洋旅游业的发展带来了极大便利。上海市海洋产业结构合理化程度处于较高水平，为产业结构的调整提供了良好的发展空间。山东省和广东省的海洋经济发展处在较高水平，但产业结构仍存在不合理的现象，需要进一步优化和调整。浙江省和福建省的海洋产业结构布局逐渐合理，但资源利用率较低仍然是制约产业结构调整水平的重要因素。天津市和江苏省的海洋产业结构正处于调整过程中，需要重视发展海洋服务业。海南省的海洋产业结构高级化水平促使海洋产业结构调整水平不断发展。然而，河北省和广西壮族自治区的海洋产业结构调整水平相对较低，主要面临临港产业同构以及海洋传统产业占比较大的问题。辽宁省的海洋产业结构布局也在逐渐优化，但资源利用率较低仍然制约着调整水平的提高。综上所述，上海市在海洋产业结构调整方面具有明显的优势和发展空间，而山东省、广东省、浙江省、福建省等地需要进一步优化海洋产业结构。同时，天津市、江苏省、海南省等地应重视海洋服务业的发展，而河北省、广西壮族自治区和辽宁省等地则需要加大改善和优化海洋产业结构的力度。通过不断推进产业结构的调整和优化，推动海洋产业实现更高水平的发展，为我国的经济增长和可持续发展做出积极贡献。

表6.4 中国沿海省（区、市）海洋产业转型升级产业结构调整水平评价结果

	2016年	2017年	2018年	2019年	2020年
天津	0.185 7	0.214 2	0.215 8	0.218 3	0.147 3
河北	0.132 8	0.178 4	0.143 4	0.119 3	0.007 2
辽宁	0.080 7	0.125 0	0.134 3	0.171 0	0.085 9
上海	0.525 7	0.587 0	0.615 9	0.690 3	0.620 6
江苏	0.152 0	0.172 9	0.171 6	0.154 1	0.167 4
浙江	0.181 8	0.202 6	0.209 8	0.222 3	0.206 8
福建	0.173 8	0.200 4	0.197 7	0.190 9	0.139 9
山东	0.225 4	0.241 4	0.257 7	0.234 5	0.254 5
广东	0.340 9	0.390 2	0.423 1	0.463 9	0.470 8
广西	0.137 8	0.141 2	0.142 7	0.149 2	0.100 2
海南	0.168 8	0.207 6	0.198 0	0.227 6	0.145 1

（2）海洋产业绿色化水平。从表6.5中可以看出，江苏省、广东省、天津市和上海市在海洋产业绿色化方面取得了较高水平的成就。江苏省和天津市重视海洋污染带来的危害，积极进行海洋污染情况整治，区域性环境污染问题得到了有效缓解。广东省则通过推进节能减排和发展海上风电项目成功实现了绿色产业转型。上海市则通过发展绿电和布局可再生能源等举措，积极推进绿色经济转型发展。山东省和广西壮族自治区的海洋产业绿色化水平处于中间位置，虽有一定的进展，但仍需要加大努力。山东省作为能源消费大省，在节能的问题上还需要继续努力，由于重工业和高能耗的产业比重较高，导致能源消费强度高于其他地区。福建省和浙江省的海洋产业绿色化水平虽然有所提高，但绿色化水平仍然相对较低，在海洋污染问题上面临着一些挑战，福建省面临较大的污染源直排入海压力，需要加强对入海污染物的控制和管理，以减少对海洋环境的负面影响。而浙江省则存在较高的单位GDP直接排海废水量，这表明在经济发展过程中，需要更好地控制和减少排放海洋废水的数量，以保护海洋环境的健康。辽宁省由于能源消费强度高和对传统能源的依赖，海洋产业绿色化水平较低。近年来，河北省的海洋产业绿色化水平出现明显下降趋势，主要是由于能源消耗总量偏高对海洋资源环境造成很大的压力。综合来看，江苏省、广东省、天津市和上海市在海洋产业绿色化方面作出了重要努力，并取得了较高水平的成就。其他地区如山东省、广西壮族自治区、福建省、浙江省、辽宁省和河北省在不同程度上面临着海洋产业绿色化的挑战，需要进一步加大节能减排和环境保护，促进可持续发展，并为未来的海洋产业发展奠定坚实基础，以实现绿色经济转型。

表6.5　中国沿海省（区、市）海洋产业转型升级产业绿色化水平评价结果

	2016年	2017年	2018年	2019年	2020年
天津	0.614 6	0.625 9	0.634 2	0.632 4	0.633 1
河北	0.427 7	0.440 4	0.220 9	0.372 6	0.194 7
辽宁	0.284 4	0.288 9	0.304 3	0.332 8	0.318 5
上海	0.607 6	0.618 1	0.627 0	0.626 4	0.629 1
江苏	0.621 5	0.628 7	0.645 5	0.635 7	0.638 1
浙江	0.402 7	0.403 9	0.423 6	0.435 8	0.432 5
福建	0.406 8	0.488 7	0.387 7	0.474 2	0.533 3
山东	0.531 1	0.557 0	0.572 1	0.548 4	0.546 8
广东	0.616 0	0.621 9	0.629 1	0.605 2	0.620 0
广西	0.480 2	0.543 6	0.518 8	0.465 3	0.461 2
海南	0.412 3	0.441 4	0.471 1	0.596 3	0.579 3

（3）海洋产业科技创新能力。从表 6.6 中可以看出，广东省的海洋产业科技创新水平位居全国沿海省区市较高位置，在 2020 年的产业科技创新能力评分中达到 0.832 6，显示出其在科技创新能力方面的强劲实力。山东省和江苏省在海洋产业科技创新方面展现出了较好的表现，并具备一定的优势。山东省拥有大量高素质的海洋科研人才，具有明显的涉海科研机构和高校数量优势，为山东省的海洋科技创新提供了良好的基础，而科研水平和科研效率的限制导致其科技人才优势尚未得到充分发挥，需要进一步发展海洋创新水平。近年来，江苏省的海洋科技创新能力出现了先上升后下降的趋势，尽管江苏省的海洋科技创新能力较高，但海洋教育和科研力量相对薄弱，海洋科研机构数量较少，与广东省、山东省相比仍存在一定的差距。然而，江苏省在 R&D 课题数和高素质科技人员比重方面仅次于广东省和山东省，显示出一定的优势。上海市作为国际都市为科技人才的发展提供了优越的发展环境，吸引了大量的科技人才的加入，然而，海洋科技人才竞争日益激烈，导致其竞争优势在逐渐缩小。浙江省和福建省的海洋科技创新能力有一定的提高，但仍然与广东省、山东省等省份存在较大差距。为了缩小这种差距，浙江省和福建省需要进一步努力，加大科研投入和创新引领，提升科技创新的水平和能力。相比之下，广西壮族自治区、河北省和海南省的科技人才与科研成果相对较薄弱，海洋科技创新能力较低。这些地区需要加大科研力量的培养和科技人才的引进，注重科技创新的重要性，以提升海洋产业的科技创新能力。综上所述，山东省、广东省和江苏省在海洋产业科技创新方面表现较好，具备一定的优势。上海市需要进一步提升科技创新能力以应对竞争压力，广西壮族自治区、河北省和海南省的海洋科技创新能力较低，需要加大科研力量和科技人才的培养与引进，以推动海洋产业科技创新的发展。通过不断加强科技创新，各地可以进一步推动海洋产业的发展，实现经济转型与可持续发展的目标。

表 6.6　中国沿海省（区、市）海洋产业转型升级产业科技创新能力评价结果

	2016 年	2017 年	2018 年	2019 年	2020 年
天津	0.147 0	0.149 5	0.114 6	0.124 7	0.154 2
河北	0.032 2	0.033 8	0.090 0	0.085 7	0.079 5
辽宁	0.186 5	0.191 0	0.137 0	0.156 8	0.158 4
上海	0.207 5	0.206 8	0.214 2	0.207 8	0.503 5
江苏	0.355 1	0.362 9	0.396 2	0.439 9	0.391 1
浙江	0.158 1	0.177 3	0.195 7	0.200 4	0.213 5
福建	0.142 1	0.149 3	0.146 2	0.188 5	0.178 4
山东	0.378 9	0.445 0	0.632 2	0.664 1	0.788 5

续表

	2016 年	2017 年	2018 年	2019 年	2020 年
广东	0.704 0	0.773 2	0.785 5	0.815 5	0.832 6
广西	0.049 9	0.050 3	0.079 6	0.080 3	0.095 8
海南	0.017 1	0.015 7	0.075 3	0.083 7	0.105 6

（4）海洋产业组织水平。从表 6.7 中可以看出，沿海省（区、市）的海洋产业组织水平呈现不同的变化趋势。天津市、江苏省、山东省和广东省的海洋产业组织水平总体呈上升趋势。这些省（区、市）在海洋产业的组织和布局方面取得了积极的进展，通过优化产业结构、加强政策支持和推动创新发展，实现了海洋产业的良好发展态势。然而，河北省、辽宁省、上海市、浙江省、福建省、广西壮族自治区和海南省的海洋产业组织水平呈下降趋势，在海洋产业的组织和布局方面面临一定的挑战，可能的原因包括产业结构调整不及时、政策支持力度不够以及市场竞争压力等因素。广西壮族自治区和海南省的海洋产业组织水平较高，主要受益于其明显的第一产业集聚优势和高专业化水平。这些地区在海洋渔业、海洋农业等第一产业上具有显著的竞争优势，专业化水平较高，其中，海南省的第三产业集聚优势也较为明显。辽宁省、浙江省和福建省的海洋产业组织水平处于中等水平，具有一定的产业集聚优势，其中，辽宁省的第一产业表现出明显的集聚优势，浙江省、福建省在第一产业和第三产业的发展方面存在一定的潜力和优势。此外，山东省、江苏省的第一产业和第二产业具有较为明显的集聚优势，第三产业专业化水平较低。天津市具有较为明显的第二产业集聚优势，然而第一产业的集聚化水平极低。上海市、河北省的第三产业具有较高的集聚水平，然而上海市的第一产业处于极低的集聚水平。广东省的第二产业和第三产业具有较高的集聚水平，然而第一产业的集聚化水平较低。综上所述，通过加强政策引导、促进产业协同发展和提升创新能力，沿海省（区、市）可以进一步提升海洋产业的组织水平，实现经济的可持续发展和区域的繁荣。

表 6.7　中国沿海省（区、市）海洋产业转型升级产业组织水平评价结果

	2016 年	2017 年	2018 年	2019 年	2020 年
天津	0.324 6	0.318 3	0.317 3	0.335 9	0.341 5
河北	0.379 6	0.375 1	0.383 1	0.366 9	0.377 8
辽宁	0.499 6	0.547 0	0.507 7	0.478 4	0.458 7
上海	0.379 3	0.365 7	0.361 9	0.350 1	0.355 8

续表

	2016 年	2017 年	2018 年	2019 年	2020 年
江苏	0.367 2	0.377 2	0.382 5	0.390 6	0.392 7
浙江	0.423 7	0.435 7	0.444 6	0.427 8	0.403 2
福建	0.415 7	0.409 4	0.415 5	0.395 3	0.387 4
山东	0.365 5	0.361 0	0.361 3	0.372 6	0.381 0
广东	0.346 7	0.346 6	0.346 6	0.372 9	0.381 8
广西	0.556 7	0.575 1	0.593 8	0.574 1	0.506 0
海南	0.649 4	0.647 5	0.655 7	0.610 8	0.570 2

6.2 浙江省海洋产业布局形成机制

海洋产业布局的合理规划，有利于完善资源的优化配置和经济结构，能够有效提高海洋经济的综合竞争力。分析浙江省海洋产业布局形成机制，有利于挖掘浙江省丰富的“海洋生产力”，进而形成科学合理的海洋开发体系，便于建设良性循环的海洋生态系统。本节主要从动力机制和约束机制两方面出发，通过分析产业集聚、海陆统筹发展、外商投资的地区差异、海洋自然资源的约束、海岸带开发布局合理程度、区域发展政策的影响等问题进行浙江省海洋产业布局形成机制的研究，以促进海洋经济的可持续发展，提升浙江省海洋经济产业层次，紧密跟踪世界蓝色产业发展前沿。

6.2.1 动力机制

海洋产业布局是指在一定的社会经济条件下，海洋产业部门及结构体系在海域和陆域上的分布和组合，进而形成一定的海洋经济地域结构单元，是海洋生产力构成的主要环节和组成部分。海洋产业按照海洋要素、资源按照技术要求和比较利益原则在地域空间上的配置以形成海洋产业布局，海洋产业布局演进的动力机制是指驱动海洋产业合理化布局影响因素的结构体系及其运行规则。海洋产业布局的演进不只受单因素作用的影响，而是受多方面动力因素交替作用的结果，这些因素共同构成了海洋产业布局演进的动力机制。海洋产业布局的动力机制可以从海洋产业集聚、海陆统筹发展、外商投资的地区差异 3 个方面进行分析。

6.2.1.1 浙江省海洋产业集聚度的测度

产业集聚是指同一类型产业或者相关产业在地理空间上的集中过程，涉及产业间复杂的关联关系[132]，能够促进相关企业之间的合作与竞争，形成规模经济效应和技术创新效应，提高整体竞争力，推动海洋产业的发展，并对区域经济产生积极的影响。通过集聚，海洋产业可以共享资源、人才和市场机遇，提升行业的创新能力和核心竞争力。随着海洋经济的快速发展，海洋产业的集聚化特征也越来越明显，在我国区域经济发展中也发挥着越来越重要的作用。为了促进海洋经济的持续增长和发展，政府和企业应共同致力于推动产业集聚，营造良好的发展环境，加强合作与创新，实现海洋产业的蓬勃发展，并为国家经济发展做出更大贡献。

测度产业集聚的技术方法主要有区位熵数法、主成分分析法、多元聚类方法、行业集中度方法、赫芬达尔指数、哈莱-克依指数、空间基尼系数等，这些方法各有自己的适用方向和优势，可以根据不同的研究目标，选择合适的方法进行海洋产业集聚程度测度。本节以研究某产业在不同地区的相对专业化程度为目标，采用区位熵数法进行产业集聚程度的测算，反映产业部门的专业化程度和产业的相对集中程度[133]。本节采用区位熵系数测算浙江省和其沿海城市的海洋产业的集聚程度，计算公式如下：

$$E_{ij} = \frac{q_{ij}}{q_i} \div \frac{Q_j}{Q} \tag{6.8}$$

其中，q_{ij} 指浙江省第 i 地区海洋产业 j 的总产值，q_i 指浙江省第 i 地区的所有海洋产业总产值，Q_j 指浙江省第 j 海洋产业的总产值，Q 指浙江省的海洋产业总产值。E_{ij} 大于 2，则表明该海洋产业在浙江省有明显优势，属于高集聚区；E_{ij} 大于 1，表明第 i 地区第 j 产业的专业化程度较高，属于中集聚区；E_{ij} 小于 1，则专业化程度较低，属于低集聚区。

从表 6.8 中可以看出，浙江省海洋经济集聚优势较为明显，海洋经济总体集聚程度呈现出先下降后上升的变化趋势。相较于 2016 年，2017—2018 年的海洋经济产业集聚指数由 1.58 降到 1.45，之后处于稳步上升状态，由 2018 年的 1.45 到 2020 年涨到了 1.67。浙江省海洋第一产业和第三产业的区位熵系数均大于 1，分别在 1.40~1.65 和 1.00 左右，第一产业和第三产业均已达到中集聚水平，且浙江省第一产业的集聚水平大于第三产业。浙江省的第二产业的区位熵系数小于 1，属于低集聚水平，稳定在 0.8 左右。此外，海洋第一产业和第二产业的集聚水平有所上升，第一产业的区位熵系数由 2016 年的 1.49 上升至 2019 年的 1.61，后下降至 2020 年的 1.41。第二产业的区位熵系数由 0.82 上升至 0.87，第三产业的集聚水平有所下降，由 2016 年的 1.09 下降至 2020 年的 1.00。

表 6.8 浙江省海洋产业集聚度

	2016 年	2017 年	2018 年	2019 年	2020 年
海洋经济	1.58	1.47	1.45	1.54	1.67
第一产业	1.49	1.56	1.62	1.61	1.41
第二产业	0.82	0.83	0.80	0.87	0.93
第三产业	1.09	1.07	1.08	1.03	1.00

从表 6.9 中可以看出，2016—2020 年，浙江省大部分涉海城市的海洋第一产业的集聚度较低，并且杭州、宁波、温州、绍兴和台州的海洋第一产业的集聚程度处于下降趋势，嘉兴的第一产业的集聚程度呈现出上升趋势，舟山呈现出先上升后下降的趋势。浙江省沿海城市第一产业平均集聚度排名大致为台州、舟山、宁波、温州、嘉兴、杭州和绍兴，其中，舟山和台州的海洋第一产业集聚度较高，已形成优势，并且比较稳定，2016 年区位熵系数分别为 1.776 9 和 3.169 3，至 2018 年均稳步上升后于 2019 年又稍有下降。其次是宁波，2016—2017 年，海洋第一产业区位熵系数稳定在 1.02 左右，2018—2020 年，海洋第一产业区位熵系数稳定在 0.8~0.9。杭州、温州、嘉兴和绍兴的海洋第一产业区位熵系数均小于 1，属于低集聚区，其中杭州和嘉兴相反，杭州海洋第一产业区位熵系数由 2016 年的 0.605 6 大幅度下降至 0.1 以下，嘉兴 2016 年的海洋第一产业区位熵系数为 0.140 4，2018 年和 2019 年的海洋第一产业区位熵系数大幅度上升至 0.484 7 和 0.446 5。温州 2016—2020 年的海洋第一产业区位熵系数比较稳定，集中在 0.6~0.7，绍兴 2016—2020 年的海洋第一产业区位熵系数在 0.1 上下浮动。

表 6.9 浙江省沿海地区第一产业的集聚度

年份	杭州	宁波	温州	嘉兴	绍兴	舟山	台州
2016	0.605 6	1.025 7	0.693 2	0.140 4	0.110 1	1.776 9	3.169 3
2017	0.553 7	1.019 2	0.688 1	0.130 9	0.102 3	2.246 7	3.166 5
2018	0.056 6	0.844 9	0.676 3	0.484 7	0.101 2	2.279 4	3.224 8
2019	0.052 9	0.867 6	0.612 7	0.446 5	0.083 4	2.219 4	3.051 5
2020	0.043 92	0.874 7	0.616 3	0.475 6	0.062 0	1.892 7	2.956 9

从表 6.10 中可以看出，2016—2020 年，浙江省大部分涉海城市的海洋第二产业的集聚度较高，且比较稳定，且第二产业聚集度总体处于上升趋势。浙江省各沿海城市第二产业平均集聚度排名大致为绍兴、嘉兴、舟山、台州、宁波、杭州和温州。第二产业主要集

中在绍兴地区，绍兴 2016—2020 年的海洋第二产业区位熵系数稳定在 2.00 左右，并且 2017—2020 年海洋第二产业区位熵系数均大于 2.00，说明绍兴市海洋第二产业具有明显优势，属于高集聚区。宁波、温州、嘉兴、舟山和台州 2016—2020 年的海洋第二产业区位熵系数均大于 1.00，属于中集聚区。嘉兴、舟山和台州的海洋第二产业区位熵系数稍高，且呈稳步上升趋势，宁波和温州的区位熵系数维持在 1.4 和 1.1 左右。杭州 2016—2017 年的海洋第二产业的区位熵系数较低，小于 1.00，属于低集聚区，而 2018 年和 2019 年上升为 1.27 以上，变成中集聚区。

表 6.10　浙江省沿海地区第二产业的集聚度

年份	杭州	宁波	温州	嘉兴	绍兴	舟山	台州
2016	0.843 4	1.332 0	1.022 0	1.483 9	1.927 6	1.437 9	1.331 0
2017	0.888 9	1.410 8	1.113 0	1.648 7	2.167 6	1.253 6	1.403 1
2018	1.276 8	1.456 3	1.198 9	1.655 1	2.319 0	1.444 4	1.513 8
2019	1.277 0	1.424 3	1.187 3	1.691 3	2.364 6	1.636 0	1.579 2
2020	1.212 5	1.385 1	1.147 3	1.584 4	2.145 7	1.759 0	1.552 0

从表 6.11 中可以看出，2016—2020 年，除杭州外，浙江省其余沿海城市的海洋第三产业的集聚度均较低，海洋第三产业区位熵系数均小于 1，属于低集聚区。浙江省各沿海城市第三产业平均集聚度排名大致为杭州、温州、宁波、嘉兴、舟山、绍兴、台州。其中，温州和宁波的海洋第三产业区位熵系数稍高，温州 2016—2020 年的海洋第三产业区位熵系数大于 0.9 小于 1，宁波的区位熵系数稳定在 0.8 左右，并且呈稳步上升趋势。嘉兴的区位熵系数集中在 0.7~0.8。舟山的海洋第三产业的区位熵系数呈下降趋势，由 2017 年的 0.721 2 到下降至 2020 年的 0.518 8。绍兴和台州的海洋第三产业的区位熵系数稍低，稳定在 0.5 左右。杭州 2016—2017 年的海洋第三产业的区位熵系数大于 1，属于中集聚区，而 2018 年和 2019 年呈下降趋势，下降至 0.98 左右，属于低集聚区，而后 2020 年上升至 1.007 7。

表 6.11　浙江省沿海地区第三产业的集聚度

年份	杭州	宁波	温州	嘉兴	绍兴	舟山	台州
2016	1.146 0	0.796 6	1.027 0	0.821 3	0.558 0	0.634 2	0.516 1
2017	1.110 2	0.788 1	0.979 7	0.773 2	0.512 0	0.721 2	0.534 7

续表

年份	杭州	宁波	温州	嘉兴	绍兴	舟山	台州
2018	0.975 3	0.803 3	0.942 8	0.750 3	0.481 7	0.649 1	0.511 2
2019	0.982 8	0.823 2	0.959 5	0.750 6	0.487 6	0.573 4	0.504 2
2020	1.007 7	0.824 2	0.972 4	0.772 7	0.543 7	0.518 8	0.495 6

综上所述，浙江省除杭州外的各沿海城市的第三产业均处于低集聚区状态，舟山和台州的第一产业在浙江省有明显优势，属于高集聚区，第二产业的聚集度较高，属于中集聚区，第三产业属于低集聚区，专业化程度较低。杭州的第一产业集聚度低，专业化水平低，除此之外，第二、第三产业的专业化程度均较高，逐渐呈现出集聚优势，属于中集聚区。宁波、温州、嘉兴、绍兴的产业集聚状况相似，其第一、第三产业的专业化水平低，属于低集聚区，其中，第三产业的集聚程度大于第一产业的集聚程度，其第二产业均呈现出集聚优势，其中，绍兴的第二产业专业化水平呈现出明显优势，属于高集聚区，温州和嘉兴两个城市属于中集聚区。

6.2.1.2　海陆统筹发展评价

海洋和陆地是地球综合环境系统的重要组成部分，它们之间存在紧密的相互作用和相互影响。这两个环境要素共同构筑着地球生态系统的丰富多样性，它们之间的动态关系在塑造气候、影响生物多样性以及调节全球环境方面发挥着至关重要的作用。海洋产业与陆域产业相互衔接，存在资源和产品等生产要素的流动和共享。海洋资源的开发利用需要陆域经济的支撑，而海洋经济的发展也为陆地经济的增长提供了动力和机会[134]。因此，深入理解和研究海洋和陆地之间的相互作用对于维护地球生态平衡和可持续发展至关重要。

海陆统筹发展是推动海洋产业布局演变和海陆经济一体化的重要动力机制，通过综合利用海洋和陆地资源，促进海陆互动与协调，推动海陆经济的一体化发展，可以实现海洋产业的布局演变和区域社会经济的和谐、健康、快速发展。这种发展模式能够最大程度地发挥海洋和陆地的优势，实现资源的共享和经济的互利，为社会经济的可持续发展提供坚实基础，为人类社会的进步和繁荣做出积极贡献。

1）海洋产业与陆域产业的关联度分析

海洋产业子系统与陆域产业子系统统筹发展的主要动力之一是产业相关性，本节利用灰色关联分析对浙江省海陆产业之相关性进行定量分析，说明海陆产业之间的相互影响关系。选取了 8 个指标作为相关性分析的参考变量，其中反映海洋经济、陆域经济的指标各 4 个。按照指标的统计范围，可将这 8 个指标分为总量指标和细分指标。其中，总量指标为海洋生产总值、陆域生产总值，细分指标则包括了海洋经济三次产业和陆域经济三次产业。相关数据均来源于《中国海洋经济统计年鉴》（2016—2020 年）、《浙江省统计年鉴》（2016—2020 年），具体指标可见表 6.12。

表 6.12　相关性分析指标体系与数据来源

指标类型	指标名称	计算口径
海洋经济总量指标	海洋生产总值	浙江省海洋经济生产总值
海洋经济细分指标	海洋第一产业	浙江省海洋第一产业生产总值
	海洋第二产业	浙江省海洋第二产业生产总值
	海洋第三产业	浙江省海洋第三产业生产总值
陆域经济总量指标	陆域生产总值	浙江省经济生产总值-浙江省海洋经济生产总值
陆域经济细分指标	陆域第一产业	浙江省第一产业生产总值-海洋第一产业生产总值
	陆域第二产业	浙江省第二产业生产总值-海洋第二产业生产总值
	陆域第三产业	浙江省第三产业生产总值-海洋第三产业生产总值

灰色关联分析基于序列曲线的几何形状相似程度来判断关联紧密程度，曲线几何形状越接近，对应序列之间的关联度就越大，反之就越小。结合灰色关联度的定义，计算步骤如下。

（1）确定评价指标序列，收集评价数据。设 $m+1$ 个数据序列 $X'_i=[X'_i(1),\ X'_i(2),\ \cdots,\ X'_i(n)]^{\mathrm{T}}(i=0,\ 1,\ \cdots,\ m,\ m>2)$ 形成如下矩阵：

$$(X'_0,\ X'_1,\ \cdots,\ X'_m)=\begin{bmatrix} X'_0(1) & X'_1(1) & \cdots & X'_m(1) \\ X'_0(2) & X'_1(2) & \cdots & X'_m(2) \\ \vdots & \vdots & \ddots & \vdots \\ X'_0(n) & X'_1(n) & \cdots & X'_m(n) \end{bmatrix} \tag{6.9}$$

$$(X_0,\ X_1,\ \cdots,\ X_m)=\begin{bmatrix} X_0(1) & X_1(1) & \cdots & X_m(1) \\ X_0(2) & X_1(2) & \cdots & X_m(2) \\ \vdots & \vdots & \ddots & \vdots \\ X_0(n) & X_1(n) & \cdots & X_m(n) \end{bmatrix} \tag{6.10}$$

（2）确定参考序列 X'_0。参考数据列应是根据评级目的选择的参照值，将其记作 $X'_0=$

$[X'_0(1), X'_0(2), \cdots, X'_0(n)]^{\mathrm{T}}$。

（3）无量纲化处理指标数据序列，形成如下矩阵

$$(X_0, X_1, \cdots, X_m) = \begin{bmatrix} X_0(1) & X_1(1) & \cdots & X_m(1) \\ X_0(2) & X_1(2) & \cdots & X_m(2) \\ \vdots & \vdots & \ddots & \vdots \\ X_0(n) & X_1(n) & \cdots & X_m(n) \end{bmatrix} \tag{6.11}$$

（4）逐个计算每个比较序列与参考序列对应元素的绝对差值

$$|\Delta_i(k)| = |x_0(k) - x_i(k)| \tag{6.12}$$

其中，$i = 1, 2, \cdots, m$；$k = 1, 2, \cdots, n$。

（5）确定

$$M = \max_{s=1}^{n} \max_{t=1}^{m} |x_0(t) - x_s(t)|$$

$$m = \min_{s=1}^{n} \min_{t=1}^{m} |x_0(t) - x_s(t)| \tag{6.13}$$

（6）计算关联系数。分别计算每个比较序列与参考序列对应元素的关联系数，即：

$$r[x_0(k), x_i(k)] = \frac{m + \xi M}{|\Delta_i(k)| + \xi M} \tag{6.14}$$

其中，$k = 1, 2, \cdots, n$，$\xi \in (0, 1)$ 为分辨系数；ξ 越小，表示关联系数间的差异程度越大，通常取 ξ 为 0.5。

（7）计算关联度。

$$r(X_0, X_i) = \frac{1}{n}\sum_{k=1}^{n} r_{0i}(k) \tag{6.15}$$

（8）根据关联度的大小，形成相应关联系数，得出综合评价结果。

根据表 6.13 的数据，浙江省的海洋经济系统与陆域经济系统之间存在极显著的相关性。海洋生产总值与陆域生产总值之间的相关系数高达 0.872 6，清晰地表明这两者之间关系十分密切。在海洋三大产业中，与陆域生产总值的关联程度排序为：海洋第一产业 > 海洋第三产业 > 海洋第二产业。海洋第一产业主要包括渔业及相关产业，在浙江省一直是主导产业，随着现代渔业产业体系的建设，如水产养殖、捕捞、加工和休闲渔业等结构合理的发展，以及海洋高新技术产业的蓬勃发展，海洋渔业具备继续保持在海洋产业中优势的潜力。海洋第三产业与浙江省陆域经济的关联程度与海洋第一产业与浙江省陆域经济的关联程度差别不大，具有提升的空间。海洋第三产业与陆域第三产业之间的联系最为紧密，可以被视为陆域第三产业向海洋领域的有机延伸。这种密切的关系表明，海洋经济不仅在海域范围内发展，同时也在陆地上有具体的延伸点。这种相互衔接的关系不仅促进了

海洋和陆域产业的共同繁荣，还为整体经济系统的协同发展提供了坚实的基础，为未来跨领域合作和发展提供了有力的支持。

（1）海洋第一产业与陆域第二产业的关联程度最大，其次是陆域第三产业和陆域第一产业，海洋第一产业（如海水养殖等产业）与陆域第一产业（如种植业、畜牧业等产业）发展过程中很少有合作，因此其关联程度较低，但与陆域第二产业、第三产业关联度较高，如食品加工产业能够为海洋第一产业的发展提供原材料，机械加工业能够为海洋渔业的发展提供相关机械，冷链物流业能够为海洋渔业提供仓储运输服务等。

（2）海洋第二产业与陆域第一、第三产业的关联度比海洋第一产业与陆域第一、第三产业的关联度低，其中，海洋第二产业与陆域第二、第三产业关联度高于陆域第二产业合作密切，而物流运输业、科学技术研发等陆域第三产业为海洋第二产业提供了物流和科技服务。

（3）海洋第三产业与陆域三大产业之间均有密切的关联关系，尤其与陆域第三产业关联度最高，高达0.902 0，说明海洋第三产业与陆域第三产业的产业衔接很强，比如，陆地交通产业的发展为滨海旅游的交通提供了便利，海洋交通运输业等海洋第三产业同样也为陆域旅游、零售服务业等产业提供了客源。浙江省发达的海洋交通运输业为陆域第二产业的进出口需求提供物流服务，因此，海洋第三产业与陆域第二产业同样具有较高的关联性。

表6.13　海洋产业与陆域产业灰色关联度

指标	陆域生产总值	陆域第一产业	陆域第二产业	陆域第三产业
海洋生产总值	0.872 6	0.479 4	0.702 2	0.728 0
海洋第一产业	0.830 7	0.519 0	0.747 4	0.698 9
海洋第二产业	0.619 0	0.472 0	0.841 7	0.549 2
海洋第三产业	0.763 0	0.545 3	0.669 1	0.902 0

2）浙江省海陆经济与其他省份对比分析

为了开展浙江省海陆经济的横向对比，本节选取山东省和福建省这两个省份作为比较对象，其中，山东省为经济大省，无论是海洋经济还是陆域经济，在全国都处于领先地位；而福建省与浙江省同为东南地区的沿海省份，无论是地理条件还是资源禀赋，福建省均与浙江省相近，具有较强的参考价值。

（1）经济规模比较。

根据《中国海洋统计年鉴》，2016—2020年从海洋经济规模来看，在比较的3个省份中，山东省的海洋生产总值最高，浙江省最小。

2016—2020年，浙江省海洋生产总值在2020年达到了最高水平，为8 424.2亿元，占浙江省生产总值的13.04%，海洋生产总值的年均增速达到了6.30%，低于同期浙江省生产总值增速的8.14%；山东省海洋生产总值在2018年最高，达到了15 502.1亿元，占山东省生产总值的比重为20.27%，海洋生产总值的年均增速达到了-0.7%，低于同期浙江省生产总值增速的2.21%；福建省海洋经济生产总值在2019年达到了最高11 409.3亿元，占福建省生产总值的26.96%，海洋生产总值的年均增速达到了6.94%，低于同期福建省生产总值增速的10.35%。在对比的3个省份中，福建省海洋经济占地区生产总值的占比最高，浙江省海洋生产总值占地区生产总值的占比最低。相关年度的具体数据如表6.14所示。

表6.14　浙江省海陆经济与其他省份的比较

年份	浙江省			山东省			福建省		
	海洋生产总值/亿元	地区生产总值/亿元	占比/%	海洋生产总值/亿元	地区生产总值/亿元	占比/%	海洋生产总值/亿元	地区生产总值/亿元	占比/%
2016	6 597.8	47 254.04	13.96	13 280.4	67 008	19.82	7 999.7	29 609.43	27.02
2017	7 041.4	52 403.13	13.44	14 191.1	72 634	19.54	9 384	33 842.44	27.73
2018	7 523.9	58 002.84	12.97	15 502.1	76 469.7	20.27	10 659.9	38 687.77	27.55
2019	8 194	62 351.74	13.14	13 444.9	71 067.5	18.92	11 409.3	42 326.58	26.96
2020	8 424.2	64 613.34	13.04	12 911.8	73 129	17.66	10 461.3	43 903.89	23.83

（2）海陆经济相关性比较。

根据测算结果可知，在3个省份中，浙江省的海洋生产总值与陆域生产总值的关联性最高，达到了0.872 6，具有高相关性，福建省的海洋生产总值与陆域生产总值的关联性最低，为0.685 1。海洋三大产业中与陆域生产总值的关联性分析中，浙江省海洋第一产业与陆域生产总值的关联性最高，福建省为海洋第二产业与陆域生产总值的关联性最高，山东省为海洋第三产业与陆域生产总值的关联性最高。分析3个省份的海洋三大产业与陆域三大产业的关联性，可以发现浙江省的海洋第三产业和陆域第三产业之间的关联性最高，高达0.902 0，具有较强的关联性；福建省的海洋第二产业与陆域第二产业的关联性最高，为0.927 4；山东省的海洋第三产业与陆域第三产业的关联性最高，为0.866 0。具体数据如表 6. 15 所示。

表 6. 15 浙江省、福建省、山东省 3 个省份的海陆经济相关性

地区	指标	陆域生产总值	陆域第一产业	陆域第二产业	陆域第三产业
浙江省	海洋生产总值	0. 872 6	0. 479 4	0. 702 2	0. 728 0
	海洋第一产业	0. 830 7	0. 519 0	0. 747 4	0. 698 9
	海洋第二产业	0. 619 0	0. 472 0	0. 841 7	0. 549 2
	海洋第三产业	0. 763 0	0. 545 3	0. 669 1	0. 902 0
福建省	海洋生产总值	0. 685 1	0. 584 6	0. 672 8	0. 690 5
	海洋第一产业	0. 800 9	0. 692 8	0. 808 7	0. 720 4
	海洋第二产业	0. 761 8	0. 466 6	0. 927 4	0. 677 2
	海洋第三产业	0. 652 7	0. 568 7	0. 621 0	0. 665 8
山东省	海洋生产总值	0. 788 9	0. 567 6	0. 733 8	0. 682 7
	海洋第一产业	0. 619 1	0. 727 7	0. 629 9	0. 497 3
	海洋第二产业	0. 687 6	0. 461 58	0. 802 5	0. 485 1
	海洋第三产业	0. 733 2	0. 491 70	0. 658 1	0. 866 0

6. 2. 1. 3 外商投资地区差异

1）外商投资

外商投资是指跨国公司或个人直接投资于其他国家或地区的企业，以在目标国家或地区建立子公司、合资企业或购买股权等形式参与经济活动，通常涉及跨国企业在目标国家或地区的资本投入、技术转移、市场开拓以及人力资源等方面的参与。外商投资可以带来资金、技术、管理经验和市场等资源，对接受投资的国家或地区的经济发展具有积极影响。同时，外商投资也可以提供就业机会、促进国际贸易和产业升级，推动经济全球化和跨国合作[135]。

浙江省在外商投资方面相对具有区位优势、开放经济环境、产业集聚效应、创新能力等优势。这些优势为浙江省吸引外商投资、促进海洋经济的发展提供了有利条件。在区位优势方面，浙江省位于中国东南沿海，毗邻上海市，拥有便利的海洋交通和陆路交通网络，地理位置优越。这使浙江省成为外商投资的理想选择，便于与国内外市场进行贸易和合作；针对于开放经济环境，浙江省一直致力于推进改革开放，积极营造对外开放的投资环境。浙江省拥有健全的法律制度和规范的市场秩序，为外商提供了稳定、透明和可预测的投资环境；浙江省在多个产业领域形成了较为完善的产业链和产业集群，产业集聚效应吸引了大量的外商投资，外资企业可以充分利用供应链和技术创新的优势，实现资源共享和合作发展；浙江省注重科技创新和人才培养，拥有一批高水平的科研机构和高等院校，创新能力较高。这种创新能力吸引了众多外资企业与当地进行科技合作和技术转移，推动了海洋经济的创新与发展。

外商投资可以通过技术外溢、资源配置、就业结构、人力资本 4 个方面对产业结构升级产生影响[136]。其中，技术外溢、人力资本这两条途径对产业结构的提升都具有独特的外溢效应，会产生辐射影响，对长远的产业结构升级提供后续支持力。

（1）技术外溢。外商投资给地区产业部门的发展带来了大量的先进技术、人才以及资金支持，在一些高科技产业（如微电子产业）发展过程中表现得格外明显。外资企业所带来的先进技术，能够直接推动浙江的产业结构升级优化。此外，外商投资能够直接促进外资企业的技术转移，大力提升了浙江省产业技术水平，直接增强浙江省的海洋产业竞争力。

（2）资源配置。一方面，外商投资能够有效改善区域内部的资源配置，外商大量资金和先进技术的投入，有利于高端国际产业向浙江省转移，同时，其他同类竞争企业迫于市场竞争压力的影响，会积极主动地开展产业革新与升级，加大研发创新投入，提高该行业的整体技术水平，加快浙江省的产业结构升级与优化，增强浙江省海洋产业竞争力。另一方面，大量外商资本的注入，使外商企业入驻经济开发区、高新技术开发区等区域，加快了区域内部的资本化节奏，提高了产业的工作效率，有助于形成规模经济。

（3）就业结构。外商投资对就业结构产生了积极而深远的影响。资金和技术的引入，不仅在该区域内创造了更多的就业岗位，而且致使区域内原有的就业结构发生了改变，显著减少了结构性失业和摩擦性失业，增加了人力资源配置的有效性，降低了机会成本，积极促进了就业结构的升级。外商投资带来的积极动力，为区域内的经济发展和就业状况带来了积极的影响。

（4）人力资本。外商投资给企业带来了先进的技术，对企业劳动力的能力要求有所提升，这就要求对劳动力进行培训学习，或者在实践中积累经验，以掌握技术的核心价值。外商投资产生的技术外溢效应，增加了对高素质人力资源的需求，改变了劳动力的需求组合比，进而加速浙江企业人力资本积累。外资企业的员工进入新的环境，会潜移默化地把先进的知识和技术带到新的企业，进而产生辐射效应，积极推动企业的人力资本提升。

2）浙江省外商投资的情况

改革开放以来，浙江省积极参与国际经济合作，共签署了 71 441 个外资协议合同（项目），其中，外商直接投资项目达到 71 010 个，呈现出令人瞩目的规模。浙江省外商直接投资总额更是达到了 5 194.630 9 亿美元，这一数字体现了投资规模的显著增长。具体而言，1984—2020 年，浙江省外商直接投资金额从 3 955 万美元迅猛增长至 3 510 058 万美元，增幅高达 886.5 倍，这充分展现了浙江省在吸引外资方面取得巨大成功。浙江省外商直接投资累计达到 4 752.389 亿美元，不仅为地方产业结构调整提供了重要支持，同时也成为推动出口增长的重要引擎。这一成功经验不仅在经济层面上为浙江省带来了显著的成果，同时也为中国全面参与全球经济合作树立了典范。

据 2020 年浙江省国民经济和社会发展统计公报的年度统计数据显示：浙江省的货物进出口呈现出强劲的增势，总额达到 33 808 亿元，较前一年增长 9.6%。其中，出口额为 25 180 亿元，较前一年增长 9.1%，占全国出口总额的 14.0%，并创下历史新高。进口额为 8 628 亿元，同比增长 11.2%，在全国范围内占比 6.1%，浙江省的进出口份额首次突破 10%，而且在这个过程中，出口和进口份额分别提升了 0.7 和 0.6 个百分点。浙江省对主要市场的出口增长迅猛，对欧盟、美国、东盟、日本和韩国的出口分别增长了 9.9%、18.3%、14.6%、7.9%和 18.8%。这 5 个市场的总体份额占出口总额的 58.5%，为浙江省的出口增长贡献了 7.7 个百分点。此外，对“一带一路”共建国家的进出口也呈现良好态势，增长率达到 10.7%，为进出口总额的增长贡献了 3.6 个百分点，增长贡献率达到 37.6%。这一系列数据不仅展示了浙江省在国际贸易中的强大实力，同时也为“一带一路”建设注入了新的发展动力。

近年来，浙江省外商直接投资规模持续呈现增长趋势，并且每个投资项目的平均投资金额也在逐年上升。具体而言，2020 年新批准的外商直接投资项目数量为 2 821 个，合同外资达到 351 亿美元，与前一年相比下降了 19.6%。然而，实际使用外资却呈现出相反的趋势，达到了 158 亿美元，同比增长了 16.4%。其中，制造业实际使用外资更为出色，达到 50 亿美元，增长了 13.7%。在外商直接投资项目中，第三产业的份额占据主导地位，占外商直接投资项目总数的 84.6%。合同外资和实际使用外资在第三产业中分别占比 72.0%和 65.5%，这表明第三产业在外资吸引和利用方面具有显著的地位。具体而言，第三产业合同外资为 253 亿美元，下降 22.9%，第三产业实际使用外资达到 103 亿美元，同比增长了 16.8%。这些数据集中展现了浙江省外商直接投资领域的活跃度，尤其是第三产业在引进和利用外资方面的显著地位，为浙江省经济的多元化和可持续发展奠定了坚实基础。

3）浙江省的产业结构特征

自 1990 年以来，浙江省海洋经济产业结构中的第三产业比重不断扩大，呈现出增长速度和占比增速逐渐加快的趋势。经过多年的发展，浙江省经济结构经历了从“一三二”到“二一三”和“二三一”的演变，最终形成了当前的“三二一”格局，其中，第三产业表现出明显的优势。随着浙江省经济的不断发展，第一产业的占比持续下降，第二产业在先升后降的过程中占比逐渐减少，而第三产业占比则逐渐上升。三大产业的平均结构比由 1990 年的 24.87：45.12：30.01 到 2010 年的 5.0：51.86：43.14，再逐步演变为 2020 年的 3.3：40.9：55.8。在这一过程中，第一产业占比明显降低，下降了 21.57 个百分点，而第二产业比重相较于 2010 年下降了 10.96 个百分点。与此同时，第三产业的占比上升了 25.7 个百分点，凸显了其在产业结构中的重要地位。

截至 2020 年，浙江省的生产总值达到 64 613.34 亿元，按照可比价格计算，增长了 3.6%。按照产业分布来看，浙江省在不同领域的经济表现呈现出以下特点：第一产业的增加值为 2 169 亿元，同比增长了 1.3%；第二产业的增加值为 26 413 亿元，同比增长了 3.1%；而第三产业的增加值达到 36 031 亿元，同比增长了 4.1%。这 3 个产业的增加值结构呈现为 3.3：40.9：55.8 的状态，凸显了浙江省产业结构日益优化的趋势。产业结构的调整为浙江省经济的健康发展奠定了坚实的基础，显示出浙江省在实现产业升级和经济可持续发展方面取得的显著成就，反映了浙江省对新经济形势的适应能力，同时也为浙江省经济的健康发展奠定了坚实基础。

4）外商投资与产业结构升级优化之间的关系

外商投资质量与产业结构升级程度存在长期稳定的均衡关系，外商投资质量对浙江省产业结构优化升级有显著正影响，随着外商投资质量的不断提升，外资质量对我国产业结构升级的溢出效应会愈发明显。浙江省外商投资增长势头旺盛，所涉及的范围也在不断扩大，其引进的高新技术产业会在区域内部带来强烈的产业关联效应，推动周围产业集群化发展，带动整片区域产业的生产水平，促进产业结构的升级优化。

6.2.2 约束机制

6.2.2.1 海洋自然资源的约束

海洋渔业资源、矿产资源、能源资源等自然资源是有限的，其有限性严格限制了海洋经济发展的合理性和可持续性[137]。首先，海洋资源的稀缺性要求资源的开发与利用的合理规划和管理，从而避免过度捕捞、过度开发和污染等问题的发生，以保护和维护海洋生态系统的稳定和健康[138]。其次，海洋自然资源分布的不均衡性要求在开发过程中考虑地域差异，充分发挥不同地区的资源优势和特色，避免资源过度集中的风险。例如，海洋资源过度开发会导致海洋生态系统遭到破坏，影响海洋产业布局。以海洋渔业为例，由于过度捕捞，浙江省近海渔业资源日渐枯竭。此外，近海海域、滩涂等资源的开发规模已经超过资源开发合理强度，导致海洋各类病害日益严重，对养殖海域环境和生态产生直接破坏，影响浙江省海洋渔业的发展。

海洋生态系统的平衡和健康是维持海洋生物多样性、渔业资源丰富以及海洋生态服务功能的基础。过度捕捞、污染排放、沿海开发等人类活动对海洋生态环境造成负面影响，制约了海洋经济的可持续发展[139]。浙江省生态环境状况公报显示，2020 年浙江省各城市近岸海域水质情况如下：温州市一类和二类海水占比 68.3%，劣四类海水占比 4.7%；台州一类和二类海水占比 65.8%，劣四类海水占比 9.5%；宁波市一类和二类海水占比 38.3%，劣四类海水占比 31.2%；舟山市一类和二类海水占比 30.0%，劣四类海水占比 39.1%；嘉兴市劣四类海水占比 100.0%，与上年相比，嘉兴近岸海域水质维持原状。宁波、温州、舟山和台州 4 个城市近岸海域一类和二类海水占比均有不同程度的上升，劣四类海水占比均有不同程度的下降，总体水质均有改善。目前，浙江省近岸海域今年表层富营养化水体面积 21 674 km^2，占比为 48.7%，杭州湾、三门湾、椒江口、瓯江口、飞云江口等海湾河口区域富营养化程度相对较重。其中，表层水体轻度富营养化面积 9 547 km^2，占比 21.5%；中度富营养化面积 6 238 km^2，占比 14.0%；重度富营养化面积 5 889 km^2，占比 13.2%。海水的富营养化已经逐渐影响了海水增养殖业、沿海旅游业、海水综合利用业等产业。

海洋经济地区常常受到风暴、海啸、海洋酸化等自然灾害的威胁，这些自然灾害会对渔业、海洋能源开发、海洋交通等领域造成严重破坏和损失，限制了海洋经济的稳定发展。例如，赤潮会造成水体污染，浙江省海洋灾害公报的数据显示，2020 年经历了 12 次赤潮事件，涉及面积达到 1 528 km^2。这一大范围的赤潮引发了海水表面聚集大量赤潮生物，形成赤潮现象。赤潮不仅在水面上形成显著的颜色，还遮蔽了阳光，导致水体透明度降低，对水体深层的其他海洋藻类和动物的生存和繁殖产生了负面影响。除了视觉上的影响外，赤潮还引发了一系列生态问题。例如，赤潮耗尽水体中的氧气，导致水体缺氧，同时积累了硫化氢和甲烷等有毒物质，使得海洋生物面临缺氧或中毒而死的危险。这种现象不仅危害了海洋生态系统的平衡，还对沿海滩涂环境造成了破坏，引发了海滩关闭等一系列问题。总体而言，赤潮事件对海洋生态系统和人类沿海生活产生了多方面的不利影响。除了直接影响水生生物的生存和繁殖外，它还引发了一系列连锁反应，对海洋环境和沿海地区发展的可持续性造成了威胁。因此，为保护海洋生态系统的健康和可持续发展，对赤潮的监测和管理显得尤为重要。

6.2.2.2 海岸带开发布局合理程度的约束

海岸带是指位于陆地和海洋交界处的一段狭窄地带，通常包括海滩、沙丘、岛屿、潮间带和近海水域，蕴含着丰富的自然资源，如海涂资源、港口资源、渔业资源、天然气资源和旅游资源等[140]。海岸带的生态系统对于海洋和陆地之间的相互作用至关重要，在环境保护和生态平衡方面具有重要的作用。海岸带也是人类活动的重要区域，通常是渔业、旅游业和其他经济活动的中心。合理的海岸带开发能够有效利用和保护海洋资源，促进其合理开发和利用，避免过度开发和破坏海洋生态系统，从而降低灾害风险[141]。此外，合理的海岸带开发布局不仅有助于维护海洋生态平衡，还能够推动海洋经济的可持续发展，为海洋可持续发展提供有力的支持。

浙江省的海岸带是海洋经济发达地区，同时也是构建海洋强国战略的关键地区。浙江省海岸带拥有 6 项卓越的资源优势，包括丰富的港口航道资源、富饶的水产资源、广阔的滩涂土地资源、潜在的海洋能源资源、吸引人的旅游资源以及丰富的岛屿资源[140]。多元化的资源基础为该地区的综合发展提供了丰富的战略支撑，为促进海洋经济的可持续增长和全面升级创造了有利条件。位于浙江省东部的海岸带紧邻东海，其海岸线长达 6 715 km，占全国海岸线总长的 20.9%，位居全国首位。特别是在沿海渔业方面，浙江省海岸带拥有丰富的资源和高生产能力，渔业产值占大农业比重的 24%，在全国排名第二。综合而言，海岸带空间的合理利用不仅有助于提升其空间品质，而且对于优化和升级海洋产业布局具有着重要的作用。这使得浙江省海岸带成为海洋产业发展和布局优化的战略要地，为未来海洋经济的可持续发展提供了丰富的资源和战略支持。

产业结构问题本质上是涉及资源配置的复杂问题，而资源配置则是产业结构的基础。在浙江省内，大部分海洋产业属于近岸产业范畴，包括海洋交通运输业、海洋可再生能源业、海洋工程装备业、海洋船舶制造业、海水养殖业、海洋盐业以及滨海旅游业等。这些产业之间存在发展空间的重叠和冲突，例如，港口航道建设可能减少海水养殖的面积，从而对海岸带开发布局的合理性提出了要求。由于海岸带空间有限，不同产业在其间轮替使用，导致海岸带空间资源不足的问题出现。随着海洋生态文明建设和国土空间规划的实施，海洋产业的发展空间受到限制，制约了海洋经济产业布局的升级与优化。因此，合理进行海岸带布局，配置海岸带资源，理顺各产业之间的关系，协调其发展以及找到更为可持续的发展路径，将是未来浙江省海洋经济产业发展的重点方向。

6.2.2.3 区域发展政策

区域发展政策是指一定时期内，立足于国家或地区总体发展方针和区域经济发展态势，根据国家和地区经济发展需要，针对区域发展中存在的问题，制定旨在促进各区域经济发展的一些政策措施。有利的区域海洋经济发展政策能够有效解决区域海洋经济发展中存在的问题，促进区域海洋经济发展[143]。然而，区域发展政策在一定程度上制约着海洋经济的发展，这些约束旨在保护环境、促进可持续发展，并确保海洋经济与区域的整体发展目标相协调，主要表现在用地规划限制、环境保护要求和资源开发限制 3 个方面。区域发展政策对用地规划进行了限制，其中包括对土地使用性质和用途的规定，这可能会对海洋经济的发展造成一定的限制，例如，限制在某些区域进行海洋产业的建设和发展，特别是对于涉及环境敏感区域的项目；区域发展政策强调环境保护和生态建设的重要性，要求在海洋经济发展中充分考虑环境保护和生态保护，这可能会对某些海洋经济项目的开展提出更高的环境标准和限制，以确保生态环境的可持续性；区域发展政策还可能对海洋资源的开发和利用进行限制，这可能涉及对某些资源的保护、合理利用和开发的规定，以平衡经济发展和资源保护之间的关系。

浙江省是海洋大省，其经济发展与海洋关系密切。浙江省过去的经济发展离不开海洋，现在的经济发展仍然离不开海洋。中央和浙江省委、省政府对建设海洋强省，发展海洋经济极度重视，先后多次召开海洋工作会议，编制出台了一系列规划方案以提升全省海洋经济综合实力和现代化发展水平，更好地支撑海洋强省的建设，然而这些政策的实施也在一定程度上限制了海洋经济的发展，其约束作用主要表现在以下几个方面。

浙江省制定了一系列海洋保护区划规划，包括自然保护区和生态保护红线等，以保护海洋生态环境和珍稀物种，例如，《浙江省自然保护区管理条例》《浙江省南麓列岛国家级海洋自然保护区管理条例》《关于建立自然保护地体系的实施意见》等。这些保护区划的设立限制了某些区域内的开发活动，对海洋经济的发展提出了一定的约束。

（1）出台了一系列渔业资源保护政策，包括渔业禁渔期、禁渔区划设等，以保护渔业资源的可持续利用，例如，《浙江省海洋捕捞休渔禁渔规定通告》《浙江省渔业管理条例》《舟山市国家级海洋特别保护区海钓管理办法》等。这些政策的实施限制了渔业的捕捞活动，对海洋渔业产业的发展产生一定的影响。

（2）制定了一系列海洋生态环境保护规划，旨在减少海洋污染物的排放，改善海洋生态环境质量，例如，《关于进一步加强海洋综合管理推进海洋生态文明建设的意见》《浙江省美丽海湾保护与建设行动方案》《浙江省海洋生态环境保护“十四五”规划》等。这些政策的执行需要严格控制污染物排放，对海洋经济中涉及排放的产业，如临海工业等，提出了环境保护的限制和要求。

（3）对海洋工程建设实施准入管理，对涉及海洋环境保护、生态保育和安全风险的项目进行审批和监管，例如，《2018 年度浙江海洋经济发展重大建设项目实施计划》等。这些管理措施限制了一些海洋工程建设项目的开展，以确保项目的环境可持续性和安全性。

综上所述，浙江省制定并实施的政策规划在不同方面对浙江省的海洋经济发展产生了约束作用，其目的是保护海洋生态环境、实现可持续发展，促进经济与环境保护的平衡发展。

6.3 浙江省海洋经济与碳排放关联分析

海洋经济快速发展产生的大量二氧化碳逐渐对生态环境和气候变化造成诸多不良影响，这已经成为人类生存与发展不可忽视的重要问题。因此，在全面深化改革的关键时期，探索浙江省海洋经济发展和碳排放的关联关系，对浙江省碳减排、绿色海洋经济和低耗能经济发展以及海洋产业转型升级具有一定的参考价值。本节主要从海洋产业转型升级对低碳经济的影响以及浙江省沿海城市碳排放强度与产业结构的关联两方面进行浙江省海洋经济与碳排放的关联分析研究。

6.3.1 海洋产业转型升级对低碳经济的影响

6.3.1.1 计量经济模型的构建及估计方法

1）变量选择

（1）被解释变量的选择。

为了合理衡量海洋低碳经济的发展程度，本节选择碳排放强度 CI 作为衡量低碳经济发展的重要指标，数值越小则表示单位产出的碳排放量越少，意味着经济发展模式朝着低碳经济的方向发展，对于评估低碳经济的发展和制定相应政策具有指导意义。碳排放强度的计算公式如下：

$$CI_{it} = \frac{c_{it}}{RG_{it}} \tag{6.16}$$

其中，c_{it} 为第 t 年第 i 个沿海地区二氧化碳排放量，RG_{it} 为第 t 年第 i 个沿海地区海洋生产总值。

（2）解释变量的选择。

本节选取 6.1 节构建的海洋产业转型升级评价指标中海洋产业结构调整准测层的具体指标作为解释变量，具体表现为产业结构高级化、产业结构合理化、产业结构高度化。为合理地分析海洋产业转型升级程度，本节借鉴干春晖等[125] 选取产业高级化衡量指标的对数值作为解释变量的方法，以探索海洋产业结构升级对海洋经济发展的影响。

2）模型的建立

基于面板数据的 Hausman 检验结果，随机效应 RE 模型更适用于产业结构和碳排放的关联分析，因此，本节将模型设定为：

$$CI_{it}=\alpha_0+\alpha_1\ln D1_{it}+\alpha_2\ln D2_{it}+\alpha_3\ln D3_{it}+\mu_i+\varepsilon_{it} \tag{6.17}$$

其中，i 和 t 分别代表省份和年份；α_1、α_2、α_3 分别为解释变量 $\ln D1$、$\ln D2$、$\ln D3$ 的系数；μ_i 和 ε_{it} 分别为不可观测效应和随机误差项。

为了控制其他影响因素对碳排放强度产生的影响，本节在模型中引入了解释变量与被解释变量之间的交互项，以更准确地评估产业结构调整因素对碳排放强度的影响，进而了解碳排放强度的形成机制[125]。变换后的公式如下：

$$CI_{it}=\alpha_0+\alpha_1\ln D1_{it}+\alpha_2\ln D2_{it}+\alpha_3\ln D3_{it}+\alpha_4(CI_{it}\times\ln D1_{it})+\alpha_5(CI_{it}\times\ln D2_{it})+\alpha_6(CI_{it}\times\ln D3_{it})+\mu_i+\varepsilon_{it} \tag{6.18}$$

3）估计方法的选择

为解决面板数据动态模型回归分析中动态模型可能存在的内生性问题，本节采用差分广义矩估计（GMM）方法并辅助使用 Arellano-Bond 工具变量以消除动态模型中的固定效应，进而对估计后得到的残差序列进行自相关检验，以判断差分广义矩估计结果的合理程度，此外还借助 J 统计量进行 Hasen 检验以判断工具变量是否被过度识别。

6.3.1.2 中国海洋产业结构调整对低碳经济影响的实证分析

1）面板数据的平稳性检验和协整检验

为了避免回归分析过程出现伪回归问题，本节在分析前借助 ADF 检验方法和 LLC 检验方法对面板数据进行单位根检验（表 6.16），结果显示，被解释变量和解释变量满足协整检验的条件。并采用 Kao 检验方法进行面板协整检验，检验结果对应的 p 值为 0.001，小于 0.01，证明被解释变量和解释变量通过协整检验，存在协整关系，可以进一步进行回归分析。

表 6.16 单位根检验结果（p 值）

变量	ADF 检验	LLC 检验	结论
CI	0.000	0.000	平稳
$\ln D1$	0.000	0.000	平稳
$\ln D2$	0.000	0.000	平稳
$\ln D3$	0.000	0.003	平稳

2）回归结果分析

被解释变量为碳排放强度与解释变量的回归分析结果如表 6.17 所示。其中，模型 1 为固定效应 FE 模型，模型 2 为随机效应 RE 模型，模型 3 为动态面板数据模型。Hasen 检验结果证明，工具变量的选择是有效的，残差序列自相关性检验结果（表 6.18）证明差分广义矩估计满足一致性条件，进而证明差分广义矩估计结果的合理性。

表 6.17 中国海洋产业结构调整对低碳经济的影响

解释变量	模型 1	模型 2	模型 3
C	2.085** (0.400)	1.296** (0.135)	
ln$D$1	-0.008 (0.006)	-0.008* (0.004)	-0.022** (0.008)
ln$D$2	0.185** (0.051)	0.106** (0.025)	0.136** (0.013)
ln$D$3	-0.218** (0.047)	-0.133** (0.022)	-0.106** (0.010)
CI * ln$D$1	0.004 (0.003)	0.006** (0.002)	0.016** (0.004)
CI * ln$D$2	-0.088** (0.028)	-0.100** (0.018)	-0.118** (0.007)
CI * ln$D$3	0.101** (0.019)	0.095** (0.011)	0.088** (0.003)
Hasen 检验			(1.000)

注：* 表示 $p<0.05$，** 表示 $p<0.01$，回归系数括号内的数值为标准误差，但 Hasen 检验中括号内数值为 p 值。

表 6.18 残差序列自相关检验结果

变量	z 值	p 值
AR（1）	-0.855	0.392
AR（2）	-1.149	0.251

回归分析结果显示，解释变量在静态模型和动态模型中均表现出不同程度的显著性，表明海洋产业结构调整对低碳化发展产生了显著的影响，体现了其在推动低碳经济方面的潜在作用。研究表明，产业结构的高级化和高效化与海洋经济低碳化呈现负相关关系，这意味着随着海洋产业结构的升级和效率的提高，碳排放强度将会有所下降。通过引导产业

结构向高层次的发展，从劳动密集型向技术密集型、资本密集型和知识密集型发展，可以有效地减少海洋经济碳排放，促使整个经济体系朝着更为环保和可持续的方向发展。此外，研究表明科技水平的提高在推动低碳经济方面发挥了关键作用，科技创新应用已经成为实现低碳经济目标的强大推动力，为可持续发展提供了技术支持和战略引导。随着科技水平的不断进步，资源配置效率得到提高，同时也促使产业资源向高效率部门转移，为低碳经济创造了有利条件。

海洋产业结构的合理程度（$\ln D2$）与碳排放强度（CI）之间存在着明显的正相关关系，合理的产业结构有助于降低碳排放强度，从而推动低碳经济的健康发展。合理的产业结构在有效增加低能耗产业比重的同时，降低高能耗产业在整体产业中的比重，促进新兴和高科技产业的蓬勃发展，从而为低碳经济的形成创造有利条件。相反，不合理的产业结构可能导致产业同质化，影响海洋产业结构的联动性，制约低碳经济的进一步发展，从而对海洋经济的可持续发展产生不利影响。因此，在海洋经济持续增长的大背景下，通过合理的产业结构调整，发展低能耗的高新技术产业显得尤为关键，这将有助于减缓碳排放的增速，实现低碳经济的可持续发展，最终达成低碳经济的战略目标。

6.3.2 浙江省沿海城市碳排放强度与产业结构的关联分析

浙江省沿海城市的碳排放强度与产业结构的关联关系分析旨在为海洋产业转型升级提供有力的参考。常规的关联性分析方法，如主成分分析和回归分析，由于其对样本量和线性问题的要求，不适用于海洋经济碳排放这类具有非线性多因素问题的数据处理。海洋经济碳排放受到多种因素的综合影响，其复杂性导致结果存在较大的不确定性。鉴于传统关联性分析方法在面对这些特点时的局限性，为深入分析和研究海洋经济碳排放问题，迫切需要采用更适应多因素和不确定性问题的分析方法。

本节选择灰色关联分析方法，重点关注产业结构与碳排放强度之间的关系。相对于传统方法，灰色关联分析方法具有独特的优势，其不受典型分布规律的限制，对样本量大小没有严格的要求，即使在信息不完备的情况下，仍能有效地分析和描述因素之间的关联性。该方法的显著优势在于能够引导系统更好地了解和找出事物的主要特征，在研究产业结构与碳排放强度之间的关系过程中具有重要的价值。通过灰色关联分析方法，能够更全面、深入地理解这一关系，为制定有效的海洋产业转型升级策略提供更为可靠的支持。

通过对已有灰色关联模型的分析，本节借鉴了李健等[144]学者提出的方法，成功构建了灰色关联度模型。该模型以碳排放强度作为系统特征母序列，同时，将浙江省各沿海城市的产业结构（第一产业、第二产业和第三产业占比）作为相关因素序列，以全面考察系统内部各要素之间的关联性。通过对系统特征母序列和相关因素序列之间关联度的测算和排序，本节深入分析了产业结构与碳排放强度之间的关联程度。这种方法不仅克服了传统分析方法的一系列限制，而且为深入研究海洋经济碳排放问题提供了崭新的途径，进一步加强了研究的深度和全面性。通过这一模型的应用，本研究能够更全面地了解碳排放与产业结构之间的关系，为未来海洋产业的可持续发展提供更为科学的决策支持。详细步骤如下所示。

（1）灰色绝对关联度的计算。

为了使原始数据具有可比较性，本模型采用初值化法进行数据预处理，公式如下：

$$x_{ij} = x_{ij}/x_{i1}, \ i=1, 2, \cdots, n; \ j=1, 2, \cdots, p \tag{6.19}$$

将碳排放强度 X_0 作为母特征序列，用第一、第二、第三产业占比（X_1、X_2、X_3）作为相关因素序列，分别用X_1、X_2、X_3 表示，则

$$X_i = \{x_i(1), x_i(2), \cdots, x_i(n)\} \tag{6.20}$$

其中，n 表示时间，$n=5$，$i=0, 1, 2, 3$。

采用灰色绝对关联度的大小衡量碳排放强度（X_0）与海洋第一、第二、第三产业占比（X_1、X_2、X_3）之间的相似程度，绝对关联度数值越大，则表示两者间相似程度越高，灰色绝对关联度计算公式如下：

$$X_i^0 = [x_i(1)-x_i(1), x_i(2)-x_i(1), \cdots, x_i(n)-x_i(1)] = [x_i^0(1), x_i^0(2), \cdots, x_i^0(n)] \tag{6.21}$$

计算出各个序列的始点零化像 X_0^0、X_i^0 。再由

$$|S_i| = \left| \sum_{t=2}^{n-1} x_i^0(t) + \frac{1}{2} x_i^0(n) \right| \tag{6.22}$$

$$|S_i - S_0| = \left| \sum_{t=2}^{n-1} \left[x_i^0(t) - x_0^0(t)) + \frac{1}{2}(x_i^0(n) - x_0^0(n) \right] \right| \tag{6.23}$$

得到灰色绝对关联度

$$\varepsilon_i = \frac{1+|S_0|+|S_i|}{1+|S_0|+|S_i|+|S_i-S_0|} \tag{6.24}$$

（2）灰色相对关联度的计算。

灰色相对关联度的大小可以衡量相关序列 X_i 与母序列 X_0 相对于起始点的变化速率之间的联系程度，如果相关序列 X_i 与母序列 X_0 变化速率越相近，则表明灰色相对关联度越大，反之则越小。通过

$$X_i' = \left[\frac{x_i(1)}{x_i(1)}, \frac{x_i(2)}{x_i(1)}, \cdots, \frac{x_i(n)}{x_i(1)}\right] = [x_i'(1), x_i'(2), \cdots, x_i'(n)] \tag{6.25}$$

计算出各个序列的初值像 X_0'、X_i'，则 X_0'、X_i' 的起始点零化像为

$$X_i'^0 = [x_i'(1)-x_i'(1), x_i'(2)-x_i'(1), \cdots, x_i'(n)-x_i'(1)]$$

$$= [x'^0_i(1), x'^0_i(2), \cdots, x'^0_i(n)] \quad (6.26)$$

再由

$$|S'_i| = \left| \sum_{t=2}^{n-1} x'^0_i(t) + \frac{1}{2} x'^0_i(n) \right| \quad (6.27)$$

$$|S'_i - S'_0| = \left| \sum_{t=2}^{n-1} [x'^0_i(t) - x'^0_0(t)] + \frac{1}{2} [x'^0_i(n) - x'^0_0(n)] \right| \quad (6.28)$$

得到灰色相对关联度

$$r_i = \frac{1 + |S'_0| + |S'_i|}{1 + |S'_0| + |S'_i| + |S'_i - S'_0|} \quad (6.29)$$

（3）灰色综合关联度的计算。

灰色综合关联度，能够全面地衡量各个序列间的联系程度，其表达式为：

$$\rho_i = \gamma \varepsilon_i + (1 - \gamma) r_i \quad (6.30)$$

其中，$\gamma = 0.5$，这意味着对变化速率和绝对量同等关注。

本节借助于灰色综合关联度方法衡量浙江省各沿海城市的碳排放强度与第一、第二、第三产业之间的关联程度，研究过程中所需数据均来源于国家统计局、《中国能源统计年鉴》以及浙江省各沿海城市的统计年鉴，计算结果如表 6.19 所示。

表 6.19　浙江省沿海城市碳排放强度与产业结构的灰色关联度

地区	第一产业			第二产业			第三产业			结果
	ε_1	r_1	ρ_1	ε_2	r_2	ρ_2	ε_3	r_3	ρ_3	
杭州	0.913	0.724	0.819	0.862	0.629	0.746	0.938	0.736	0.837	$X_3 > X_1 > X_2$
宁波	0.968	0.862	0.915	0.907	0.766	0.837	0.872	0.639	0.756	$X_1 > X_2 > X_3$
温州	0.986	0.907	0.947	0.985	0.768	0.876	0.961	0.727	0.844	$X_1 > X_2 > X_3$
嘉兴	0.942	0.537	0.740	0.950	0.725	0.837	0.982	0.676	0.829	$X_2 > X_3 > X_1$
绍兴	0.998	0.927	0.962	0.965	0.725	0.845	0.978	0.777	0.877	$X_1 > X_3 > X_2$
舟山	0.926	0.683	0.804	0.865	0.917	0.891	0.916	0.750	0.833	$X_2 > X_3 > X_1$
台州	0.963	0.772	0.867	0.973	0.724	0.848	0.922	0.658	0.790	$X_1 > X_2 > X_3$

注：结果根据灰色综合关联度进行排序。

表 6.19 列出了浙江省沿海城市的灰色绝对关联度、相对关联度以及综合关联度大小，分析和比较其灰色关联度大小及排序结果，可以得到如下结论：浙江省沿海城市各产业与海洋经济碳排放强度之间灰色关联度较高，呈现出较高的关联水平。这说明浙江省的海洋

产业多为高碳驱动型，产业结构仍处于较低级的层次。碳排放强度与产业发展关联度越大，则表明该产业的产业发展与该产业碳排放强度的增加呈明显的正相关关系，属于高能耗产业。

由浙江省沿海城市的灰色关联度排序结果可知，杭州市的海洋第三产业与碳排放强度的关联度最大，意味着杭州市的海洋第三产业发展对海洋经济碳排放强度的影响最大，这与杭州市“三二一”的产业结构特征吻合。嘉兴市和舟山市海洋第二产业与碳排放强度关联度最大，这意味着这些城市海洋第二产业发展对碳排放强度影响最大。浙江省沿海 7 个城市中有 4 个城市的海洋经济碳排放强度与海洋第一产业的关联性最大，分别是宁波市、温州市、绍兴市以及台州市，表明这些城市海洋第一产业发展对海洋经济碳排放强度影响最大。

杭州市海洋第三产业对海洋经济碳排放强度的影响最大，在发展海洋经济第三产业时，需要重视海洋第三产业发展，制定海洋第三产业的倾向性政策，充分发挥海洋第三产业的低碳效应，寻找对碳排放影响较大的海洋第三产业，并进行海洋第三产业内部结构优化，提高服务业发展水平。对嘉兴市和舟山市等海洋经济碳排放强度受海洋第二产业影响最大的城市，要根据区域实际情况调整海洋产业结构，加强对新兴海洋产业的扶持，鼓励创新型技术，大力提升环保产业的发展力度，采取有效措施促进工业低碳循环发展，降低高能耗工业部门的碳排放强度，进而减轻能源消耗的压力。对宁波市、温州市、绍兴市以及台州市 4 个城市，海洋第一产业的关联系数要高于海洋第二产业和海洋第三产业，其中宁波市、温州市以及台州市的海洋第一产业和海洋第二产业与海洋经济碳排放强度的关联度要高于海洋第三产业，说明海洋第一产业和海洋第二产业仍是碳排放大户，应该建立海洋战略性新兴产业的实验基地，大力发展海洋战略性新兴产业，加强科技创新投入，逐步实现传统产业的更新换代，实现海洋经济的低碳化可持续发展。

7 浙江省海洋可再生能源产业发展对策建议

基于前文对海洋经济理论与数据分析的研究成果，从国内国际“双循环”的角度，结合浙江海洋强省建设，从陆海统筹、多规合一、用途管控的视角，全流程构建了海洋可再生能源产业发展规划、海洋空间要素保障、产业发展政策配套等发展路径，改变原有海洋可再生能源产业规划与布局落地实施不协调现状，大大提高了产业项目的落地性。

7.1 顶层谋划制定海洋可再生能源空间规划布局

浙江省应当制定海洋可再生能源的统一发展策略，既要满足沿海地区的经济和社会发展需求，同时也要考虑能源固有规律。根据本书第3.4节的分析，能得出一个全方位低碳控制的海洋经济低碳发展模式——“四位一体”+“碳源—碳排—碳汇”。这需要建立低碳产业体系，通过利用低碳技术，开发使用低碳能源，制造低碳产品，实现“碳源—碳排—碳汇”的发展路径。因此，浙江海洋可再生能源产业发展要结合浙江海洋资源开发利用现状、海域使用布局以及海洋发展模式去统筹考虑。此外，本书6.2.1节从动力机制角度探讨了浙江省海洋产业布局形成机制，利用灰色关联分析对浙江省海陆产业之间的相关性进行定量分析，得到浙江省海洋经济系统和陆域经济系统之间具有较高的相关性。据此，实现海洋产业的布局演变和区域社会经济的和谐、健康、快速发展，从海洋可再生能源空间规划布局的角度需陆海统筹，科学划定“三区三线”，国土空间规划、海岸带保护和开发利用规划、与海域使用空间布局、海域立体使用政策相衔接[145]。在海洋能发展规划、项目前期准备、项目批准、项目完工验收以及运营监控等各个环节中，都需要加强技术的集中管理，确立海洋能技术和工程标准，进一步强化技术监管和工程质量控制。

7.2 加快出台海洋可再生能源产业发展政策

海洋中蕴含着包括潮流能、潮汐能、风能、波浪能等的可再生能源[146]。通过本书4.2.1节中对浙江省的可再生能源储量和开发利用现状的研究，海洋能作为清洁能源，对环境的污染小，既不会污染大气，也不会产生“温室效应”。开发利用海洋能发电，能够有效减轻浙江省作为经济大省所面临的电力压力，是优化浙江省能源结构布局的重要一环。按照国家发展和改革委员会提出的《有关创建绿色生产和消费法规体系建议》有关精神，为了促进海洋能源大规模开发与使用，需要从高效率且低成本的发电设备技术研究、应用领域拓展以及产业激励政策制定等多个角度共同努力，研究制定支持海洋能等新能源发展的省级政策。如可参照风电和光伏等新能源发展初期的扶持政策，出台海洋能发电项目省级投资补贴等过渡性激励政策，鼓励电网企业优先消纳海洋能源电力，支持海洋能发电企业参与绿色电力交易、享受绿证收益，同时满足海洋可再生能源项目用海需求，简化审批手续，加速推进产业规模化发展。

制定海洋清洁能源与能源的“双控”考核，进行年度监测分析和规划总结评估，分解并实现全省海洋清洁能源发展目标。监督各地迅速推进可再生能源的开发利用，强化考核各地区的执行情况。为进一步提高我省对海洋可再生能源的消纳能力，减缓电网调峰压力，积极探讨并制定储能配额制度，优先在源荷逆向分布、本地消纳空间不足等存在就地消纳矛盾的区域实施配套储能措施。

7.3 打造海洋能领域战略科技力量

海洋科技成果有效转化对海洋经济高质量发展有重要意义[147]。根据本书5.3.3节中对海洋社会支持系统的评估，目前，浙江省海洋科技基础建设处于中等水平，海洋科技创新投入和产出均处于较低水平。因此，浙江省亟须在海洋能领域加大投入，强化战略科技力量的培育和发展。一是大力推进东海实验室和白马湖实验室的建设发展，支持浙江大学、宁波大学、浙江海洋大学、自然资源部第二海洋研究所、浙江省海洋科学院等涉海高校院所，联合企业建设涉海产业学院，培育海洋产业高层次人才和技术人才。二是加大海洋基础设施建设，自然资源部正在有序推进国家海洋综合试验场体系的构建，目前已有舟山、威海等4个国家海洋综合试验场。浙江要加快完善、提高舟山潮流能试验场的服务功能和水平，争取早日升级为国家级海试平台，探索在浙江大学等波浪能资源丰富海域建设波浪能试验场，促进海洋技术装备研制和产品化，显著提升浙江海洋科技创新能力。

7.4 积极攻关海洋能领域重点关键技术

通过本书4.2节中对浙江省低碳技术发展现状的研究，浙江省高度重视发展工业减碳技术、绿色电网技术、氢能源技术以及CCUS技术，但仍存在科技成果转化能力较差、海洋低碳技术开发和储备不足、关键技术未取得突破、示范应用规模较小等问题[148]。因此，本节提出如下对策建议：加强国际合作，分享相关技术经验。浙江省应积极协调各个行业(包括各种试点产业)以及高等教育机构的相关项目，与全球海洋能源开发项目开展合作，在此过程中积极吸取其他国家在先进开发和管理方面的经验。加大对海洋能发电设备制造企业的扶持力度，为其提供必要的资金支持。致力于开发高效且低成本的海洋能发电设备技术，通过对新材料和新工艺的研发，提高潮流能、波浪能和温差能的转换效率，确保发电设备在海上的稳定性和生存能力，从而降低海洋能发电成本。加快推进全省海洋能资源调查研究工作，加强对各类海洋能发电设备性能测试评价工作。致力于扩大海洋能利用技术应用范围，结合深海开发、海上能源补给、海上国防建设和制氮制冷等多方应用，提升海洋能源在发电之外的附加价值，以促进海洋能尽快成为偏远海岛和深远海活动的重要能源保障。加大对沿海城市清洁能源建设力度，加快发展可再生能源。在我省近海和海岛区域，确立海洋能开发利用的优先地位，全面协调海洋能开发利用与其他海洋应用领域之间的相互关系。加大科技投入力度，建立海洋能产业技术创新体系，打造顶尖海洋新能源研究中心，在工程、测试和系统的设计方面努力达到世界顶尖技术水平。加大对海洋工程装备研发投入力度，推进技术服务体系的建设，增强技术指导、工程咨询和信息服务等方面的专业能力。

7.5 加快海洋能技术成果转化

当前，我国在潮汐能技术方面与国际先进水平差距较小，在潮流能和波浪能方面与国际先进水平的差距也相对较小，但是在温差能、盐差能等海洋能技术方面与国际先进水平仍存在较大差距[149,150]，因此需加快海洋能技术成果转化。充分利用浙能集团在绿色低碳发展领域的先锋作用，探索搭建包括政府、企业、高等教育机构和服务机构等在内的多跨协同合作省级海洋能源创新与产业发展联盟。同时加强与涉海行业领军企业和高校院所的密切合作，以促进技术成果更多地实现从“0”到“1”的转化。依托宁波、舟山海洋中心城市建设，加快打造一批海洋科技专业孵化器和产业园，吸引海内外海洋金融机构，推动在浙江省设立海洋金融服务总部，孵化培育海洋能源领域创新型科技企业。推动海洋新兴产业发展，以宁波舟山港作为核心区域，构建临港产业圈，促进海洋新材料、海洋信息化装备、海洋高端装备等新兴产业的发展，建设潮流能产业示范区，全面提升临港产业发展水平。

7.6 稳妥制定出台电价等配套政策

目前，中国拥有超过 10 000 个不同规模的海岛和岛礁，但这些海岛都面临着严重的电力短缺问题，因此我国海洋能开发利用具有深远意义[151]。为偏远海岛提供稳定且充足的能源和淡水资源，建立可居可守海岛，保护国家主权和海洋利益是中国海岛和海防建设的紧迫任务。根据《关于 2021 年新能源上网电价政策有关事项通知》的相关指导精神，制定专门针对海洋能源上网电价的激励措施，促进海洋能电站进行单独上网电价审批。同时，探索运用商业金融和股权融资等多种手段，促进海洋能技术的产业化进程。打造良好的投资氛围，引导社会资本向海洋可再生能源领域转移，充分发挥公共部门在海洋可再生能源投资方面的作用。借助市场配置资源，通过竞争性方式组织项目建设，推动技术创新和产业升级，促进成本降低，适应国家可再生能源补贴逐渐减弱的趋势。同时，加强可再生能源开发与利用市场的规范管理，致力于创造有序竞争的市场环境。逐步建立健全电力市场框架，积极对接并有序推广国家可再生能源绿色电力证书交易，通过市场化手段在一定程度上解决可再生能源补贴的问题。

7.7 加强海洋可再生能源的开发监管

近年来，国家陆续制定海洋强国重要策略，强调在加强海洋资源开发能力的同时，也要注重维护海洋生态平衡，促进海洋经济向质量效益型发展，海洋开发模式向循环利用型转变[152,153]。搭建动态监测系统，持续追踪海洋可再生能源对海洋生态平衡的潜在影响。基于国外追踪监测系统的研究总结，加强对海上风电场开发过程中水下噪声的跟踪监测。同时，对不同海域中的关键生物的听阈范围进行调研，估算关键生物对风机噪声的感知范围，实地考察其行为反应，为保护海洋生物提供有效的科学理论支持。采取底栖生物补偿措施，海上风电场对区域底栖生物具有毁灭性影响，风机基础、海底电缆敷设均破坏了原有的海洋底栖环境，造成底栖生物损失。制订底栖生物定期增殖放流计划，以恢复区域海洋底栖生物量水平，保证底栖生物群落结构的稳定。

8 总结与展望

8.1 总结

21 世纪是海洋的世纪。海洋蕴含着重要的海水、矿产和生物资源，是人类生存和发展的重要空间，同时在国家整体经济社会发展背景下其地位和作用逐渐凸显，但海洋经济的高速增长也伴随着海域生态功能退化和海洋环境污染等多方面问题。在党的十八届五中全会中，提出了“创新、协调、绿色、开放、共享”五大发展理念，将高效、可持续、生态平衡、低碳为导向的绿色发展方式确立为海洋经济转型方向。第十四个五年规划纲要强调要整合海陆规划，促进海洋与人类之间的协调共存，实现海洋经济与生态环境发展互利共生、互利共赢，以加快我国从海洋大国迈向海洋强国的步伐。在海洋领域落实绿色发展理念，是加快海洋经济向质量效益转型、建设海洋生态文明的必然选择。随着城市化建设的加速推进，资源约束问题日益凸显。低碳经济的发展转型，是顺应可持续发展需求的必然选择和趋势，引领我国从以高碳为特点的工业文明迈向实现碳达峰碳中和的生态文明新纪元。

总的来看，在海洋绿色发展、低碳经济转型、海洋高质量发展、海洋战略需求等背景下，迫切需要探索海洋经济低碳发展创新实现路径，实现海洋经济转型。但是，当前我国针对海洋经济低碳发展模式的分析多从理论层面展开，主要侧重于从海洋碳汇交易、海洋碳汇资源以及海洋生态环境补偿机制等宏观策略，海洋经济低碳发展及其影响因素、产业结构优化、低碳资源与技术等的实证分析相对较少，海洋经济低碳发展定量化分析不足，难以为海洋经济低碳发展路径探索提供数据支持。本书立足于我国海洋强国目标、海洋经济高质量发展要求，以及浙江省作为全国生态文明建设的先行省和“两山”理论发源地的基本情况，围绕“双碳”背景下海洋经济高质量发展创新实现路径探索展开研究。以浙江省为例，以海洋经济绿色发展现状、海洋蓝色碳汇资源分析、海洋经济低碳发展评估、海洋经济产业发展与碳排放的关联分析、海洋经济发展模式与海洋“双碳”目标实现之间的关联分析为分析关键，探索海洋经济发展视阈下海洋“双碳”目标创新实现路径，助力中国碳达峰碳中和目标的实现，以及经济的高质量、绿色发展。

通过对海洋经济学的相关概念及基础理论进行系统梳理，从海洋经济理论层面探讨面向海洋的“双碳”目标实现路径和深远意义。进而以浙江省为例，分别从海洋经济绿色发展、海洋经济低碳发展评估、海洋经济产业发展与碳排放的关联，去探索浙江省海洋经济发展模式与“双碳”目标实现的战略决策和实施方案的可行性，为我国从海洋经济发展模式角度，实现数据驱动的“双碳”战略目标提供决策支持和模型参考依据。

本书第 2 章从宏观到微观，全面剖析了浙江省整体海洋经济发展现状。在宏观层面，以时序为脉络分析浙江省海洋经济发展历程，以城市为单位分析沿海七市、内陆四市的海洋经济总量结构。在微观层面，着重探讨浙江省海洋各产业发展现状，详细呈现浙江省海洋经济发展图景。基于这些深入研究，本书结合海洋经济发展现状，提出一种海洋经济低碳发展模式，即“四位一体”+“碳源—碳排—碳汇”，该模式呈现纵向贯通、横向连接的特征。为实现全方位低碳控制，需要政府、涉海企业、学校、科研机构以及居民协同参与。四大主体在宏观层面进行统筹，在微观层面层层把控“碳源—碳排—碳汇”全过程，共同推动浙江海洋经济朝着低碳发展目标迈进。

针对浙江省海洋经济低碳发展资源和技术条件分析，本书第 4 章主要围绕低碳发展资源和碳技术条件两个方面展开。首先，通过对浙江省森林、滨海湿地以及渔业等碳汇资源进行梳理和分析，评估其低碳发展潜力。其次，对浙江省海洋能资源、工业减碳技术以及绿色电网技术等低碳技术进行深入分析，评估其在浙江省的应用前景和实际效益。进而，从机遇与挑战两个方面深刻剖析浙江省海洋经济低碳发展条件。最后，立足于浙江省低碳发展的政策与战略，探讨如何引导和推动企业、科研机构和政府合作，共同推进低碳技术的研发和应用。可以发现，浙江省作为海洋大省，21 世纪以来在海洋经济低碳发展方面取得了长足的进步，丰富的海洋碳汇资源和海洋能资源为海洋蓝色碳汇的长效发展奠定了坚实的物质基础。此外，海洋生态系统多样、海洋生物资源丰富、海洋清洁能源开发潜力巨大等优势条件，都对提高海洋生态系统碳汇能力，推动海岸带生态系统高水平保护发挥着重要作用。同时，浙江省发达的民营经济和开放的金融环境也为海洋经济低碳发展提供了良好的环境。早在 2010 年杭州市就被评为全国首批低碳试点城市，十几年来，浙江省围绕绿色发展主题，依托数字经济优势，优化调整产业结构和能源结构，对工业和交通等重点领域的节能减排进行专项突破，碳排放强度已明显下降，低碳发展已走在全国前列，从而推动浙江省实现“绿水青山”与共同富裕相得益彰。然而，目前浙江省海洋经济低碳发展仍存在诸多劣势，诸如海洋碳汇交易市场体系不完善，海洋碳汇资源交易项目尚属有限，在相关规范、标准、技术等方面没有形成体系，海洋生态环境补偿的机制不完善，科研与经济建设和环境保护不紧密，科技成果转化能力较差，海洋低碳技术开发和储备不足。此外，相对于传统产业，海洋新能源产业技术起步较晚，开发技术不成熟以及海洋新能源产业存在不稳定性等。

为全面评价海洋经济低碳发展水平，本书第5章在可持续发展理念的指导下，从海洋经济支持系统、海洋生态支持系统以及海洋社会支持系统这3个方面出发，构建海洋经济低碳化发展水平指标体系，并使用离差最大化组合评价方法充分融合序关系分析法、熵权法、变异系数法3种赋权方法的权重信息，构建海洋经济低碳化发展水平综合评价模型。利用《中国海洋统计年鉴》《沿海省份统计年鉴》等资料上获取的2016—2020年指标相关数据开展实际测算，对沿海地区的海洋经济低碳发展的整体水平、各分项的测算结果进行分析评估。结果显示，11个沿海省（区、市）的综合评估可区分为3个梯队，其中，浙江省位于第二梯队，海洋经济低碳化发展处于中等水平。总体上看，浙江省的海洋经济低碳化发展处于先上升后下降的状态，2016—2019年，浙江省海洋经济低碳化发展水平稳步上升，然而相较于2019年，2020年浙江省海洋经济低碳化发展水平有所下降，但仍高于2018年。其中，在经济上浙江省处于中等水平，海洋产业结构分项评价值较高，关键影响因素包括浙江省可再生资源消耗量多，海洋科研教育管理服务业占比一直维持在20%~30%。在生态上浙江省处于中等水平，海洋经济碳排放压力低，海洋生态状态较高，关键影响因素包括其湿地面积、森林面积、森林覆盖率、人均水资源拥有量和自然保护区面积均位于沿海地区排名前五位。在社会上浙江省处于中等水平，海洋科技基础建设分项评价为中等水平，关键影响因素包括浙江省海洋基础建设高等学校涉海专业点数量较高，海洋科研机构中研究生以上学历比重稳步增加等。

本书第6章以通过产业调整实现海洋经济低碳发展目标以及海洋经济的低碳发展为重点，首先对浙江省海洋产业进行转型升级和空间关联分析，涉及海洋产业结构、海洋产业绿色化、海洋科技创新能力以及海洋产业组织4个关键维度。在此基础上，选取15个评价指标构建分层指标体系，包括目标层、准则层和指标层3个层次。运用熵值法计算各项指标权重，采用TOPSIS计算沿海省份海洋产业转型升级水平的综合得分和分维度得分，全面评估2016—2020年我国沿海11个省（区、市）的海洋产业转型升级情况。计算结果显示，浙江省在海洋产业结构方面布局逐渐合理，但资源利用率较低仍然是制约产业结构调整水平的重要因素，需要进一步优化海洋产业结构；在海洋产业绿色化方面水平虽然有所提高，但仍然相对较低，存在较高的单位GDP直接排海废水量，这表明在经济发展过程中，需进一步加大节能减排和环境保护；在海洋产业科技创新方面，浙江省的海洋科技创新能力仍然与广东省、山东省等省份存在较大的差距，还需加大科研投入和创新引领，提升科技创新的水平和能力；在海洋产业组织方面，浙江省处于中等水平，在第一、第三产业的发展方面存在一定的潜力和优势。

在此基础上，从动力机制和约束机制两方面深入探讨浙江省海洋产业布局形成机制。通过分析产业集聚、海陆统筹发展、外商投资的地区差异、海洋自然资源的约束、海岸带开发布局合理程度、区位影响因素、区域发展政策的影响等问题进行浙江省海洋产业布局形成机制的研究。最后，基于模型构建、实证研究等，采用基于灰色关联度的关联性分析方法对中国沿海地区的海洋经济与碳排放进行关联分析，结果显示在静态和动态模型中海洋产业转型升级评价指标的产业结构调整均表现出不同程度的显著性。静态模型下产业结构高度化对碳排放强度的降低较为有利，而在动态模型下产业结构合理化对碳排放强度的降低影响更大，海洋资源的合理利用更有利于低碳经济的发展。选取灰色关联分析方法进行研究，对海洋产业结构与碳排放强度之间的关系进行研究。以碳排放强度为母序列的系统特征，以浙江省各沿海城市的产业结构作为相关因素序列，通过测算和排序它们之间的关联度，以分析产业结构与碳排放强度之间的关联性。可得到如下结论：浙江省沿海城市各产业与海洋经济碳排放强度之间灰色关联度较高，呈现出较高的关联水平，这说明浙江省的海洋产业多为高碳驱动型，产业结构仍处于较低级的层次。

最后，本书第 7 章通过结合浙江省海洋经济发展情况、低碳发展资源和技术条件、低碳发展潜力以及浙江省海洋经济与碳排放关联关系的分析结果以及对浙江省政策支持的分析，从浙江省海洋强省建设为海洋经济低碳发展提供了政策保障、浙江省具备的“绿色碳汇”和“蓝色碳汇”资源、浙江省海洋可再生资源以及浙江拥有的广阔的海域等多个角度明确当前推动浙江省海洋经济低碳发展的优势，并从浙江省的能源清洁低碳化水平、海洋三次产业结构、海洋新兴产业、浙江省海洋科技支撑能力以及浙江省“蓝碳”发展保障机制等多个方面充分考虑浙江省发展海洋经济低碳发展存在的重要挑战，进而探讨浙江省海洋低碳发展的实现路径，从优化产业布局、推动产业结构升级、发展海洋降碳技术、完善蓝色碳汇交易机制和法律制度、完善蓝色碳汇综合管理体制以及海洋生态环境保护等方面进行浙江省低碳发展实现路径的探索，以支持我国从海洋经济发展模式角度实现数据驱动的“双碳”战略目标。

8.2 展望

自工业革命时期以来，由于全球工业化和城市化的快速发展，陆地资源环境承载压力持续加大。海洋拥有较大的碳汇发展潜力，在资源、环境、空间等方面的优势日益凸显。因此，发展海洋低碳经济，提升海洋碳汇能力，推动新旧动能转换，已逐渐成为国家经济发展的重要驱动力和新增长点。

本书在海洋强国需求和全球气候变化等背景下，汇集中国海洋经济的多维时变数据，综合运用区域经济学、产业经济学、统计学、计量经济学等多学科的理论与方法，探索海洋经济发展视阈下海洋“双碳”目标创新实现路径。本研究有助于深入认识我国海洋碳汇发展状况、把握海洋经济发展规律和特点、解决海洋“双碳”目标实现中的突出问题，为提升浙江省海洋经济核心竞争力，打造绿色低碳高质量发展的现代化海洋省份奠定基础，也必将引领全国各省海洋经济建设新标杆。未来可以进一步从以下三个方面展开研究。

（1）为助力海洋蓝碳经济发展，未来可进一步结合模型、分析数据挖掘方法，在全国范围内开展实证研究，从低碳视角下反映全国海洋经济绿色发展的现状与能力及其对生态环境的影响。进而在协调发展海洋及相关产业与非海洋产业的基础上，更好地推动全国海洋蓝碳经济发展建设，为碳减排、绿色海洋经济和低耗能经济发展、海洋产业转型升级提供更大范围上的参考，全面助力海洋强国目标的实现。

（2）拓展海洋经济及相关产业经济核算体系，收集更细尺度上的海洋经济相关数据，并展开模型驱动的海洋经济智能化核算方法研究，探索各种海洋经济价值指标之间的动态相关性，构建智能化的海洋经济核算模型，支持客观合理的海洋经济核算；进一步基于多尺度的海洋数据，开展海洋经济低碳发展的时空多尺度分析，基于多尺度的时序分析探究产业结构对海洋经济发展影响机制，支持更准确、更全面的海洋经济的可持续性评估以及更真实的海洋经济发展现状反映，助力海洋经济可持续发展。

（3）影响海洋经济发展的因素众多，挖掘多元化的海洋相关实体及其间的复杂关联关系，并结合产业结构特征等各类属性信息，构建全面表达海洋经济发展情况的图谱，进一步将海洋经济图谱应用于海洋蓝碳领域，综合分析“双碳”政策对海洋经济产业的影响，以及上下游产业路径的多维度影响，探究海洋经济产业间的相互依存关系和相互关联关系，为政府决策制定和产业规划提供重要的参考依据。

参考文献

[1] 邢文秀，刘大海，朱玉雯，等．美国海洋经济发展现状、产业分布与趋势判断［J］．中国国土资源经济，2019，32（8）：23-32+38.

[2] Center for the Elue Economy. Chinese translationof theState of the U. S. Ocean and Coastal Economies 2014［EE/0L］［2019-03-18］. http：//www. oceaneconomicsorg/Download/.

[3] 韩立民，李大海．美国海洋经济概况及发展趋势：兼析金融危机对美国海洋经济的影响［J］．经济研究参考，2013（51）：59-64.

[4] 王旭．日本第三期《海洋基本计划》解读［J］．国际研究参考，2020（3）：10-16.

[5] 吴崇伯，姚云贵．日本海洋经济发展以及与中国的竞争合作［J］．现代日本经济，2018，37（6）：59-68.

[6] 李加林，沈满洪，马仁锋，等．海洋生态文明建设背景下的海洋资源经济与海洋战略［J］．自然资源学报，2022，37（4）：829-849.

[7] 孙剑锋，秦伟山，孙海燕，等．中国沿海城市海洋生态文明建设评价体系与水平测度［J］．经济地理，2018，38（8）：19-28.

[8] 林香红．面向2030：全球海洋经济发展的影响因素、趋势及对策建议［J］．太平洋学报，2020，28（1）：50-63.

[9] 王嵩，孙才志，范斐．基于共生理论的中国沿海省市海洋经济生态协调模式研究［J］．地理科学，2018，38（3）：342-350.

[10] 林黎，钟鑫．生态文明视角下的中国产业结构升级探索［J］．生态经济，2020，36（8）：221-225.

[11] 纪建悦，郭慧文．我国海洋产业结构优化升级的影响因素研究［J］．中国海洋大学学报（社会科学版），2020（4）：68-76.

[12] 程娜，陈成．海洋碳汇、碳税、绿色技术：实现“双碳”目标的组合策略研究［J］．山东大学学报（哲学社会科学版），2021（6）：150-161.

[13] 孙斌．海洋经济学［M］．济南：山东教育出版社，2004.

[14] 邬满，文莉莉．国内外海洋经济发展经验与趋势分析［J］．中国国土资源经济，2021，34（10）：60-66.

[15] 楼东，谷树忠，钟赛香．中国海洋资源现状及海洋产业发展趋势分析［J］．资源科学，2005（5）：20-26.

[16] 孙冰，李颖．海洋经济学［M］．哈尔滨：哈尔滨工程大学出版社，2005.
[17] 傅梦孜，刘兰芬．全球海洋经济：认知差异、比较研究与中国的机遇［J］．太平洋学报，2022，30（1）：78-91.
[18]《中国低碳经济年度发展报告》（摘要）［J］．国际融资，2011（6）：16-19.
[19] 李旸．我国低碳经济发展路径选择和政策建议［J］．城市发展研究，2010，17（2）：56-67，72.
[20] 薛进军．低碳经济学［M］．社会科学文献出版社，2011.
[21] 许冬兰．蓝色碳汇：海洋低碳经济新思路［J］．中国渔业经济，2011，29（6）：44-49.
[22] 纪丽娟．我国加快海洋蓝碳市场建设的路径选择［J］．价格理论与实践，2021（11）：55-59.
[23] 范振林．开发蓝色碳汇助力实现碳中和［J］．中国国土资源经济，2021，34（4）：12-18.
[24] 周敏．论构建我国的蓝色碳汇交易法律制度［D］．青岛：中国海洋大学，2015.
[25] 王法明，唐剑武，叶思源，等．中国滨海湿地的蓝色碳汇功能及碳中和对策［J］．中国科学院院刊，2021，36（3）：241-251.
[26] 李晓灿．可持续发展理论概述与其主要流派［J］．环境与发展，2018，30（6）：221-222.
[27] 齐晔，蔡琴．可持续发展理论三项进展［J］．中国人口·资源与环境，2010，20（4）：7.
[28] 张晓玲．可持续发展理论：概念演变、维度与展望［J］．中国科学院院刊，2018，33（1）：10-19.
[29] 牛文元．可持续发展理论的内涵认知——纪念联合国里约环发大会20周年［J］．中国人口·资源与环境，2012，22（5）：9-14.
[30] 冯雪艳．改革开放40年中国可持续发展理论的演进［J］．现代管理科学，2018（6）：27-29.
[31] 孙勇．循环经济的理论与实践［J］．学习与探索，2005（2）：168-171.
[32] 傅国华，许能锐．生态经济学［M］．2版．北京：经济科学出版社，2014.
[33] 孙洪伟．环境保护与可持续发展：理论与实践［M］．北京：学苑出版社，2014.
[34] 王福全，庞昌伟．日本发展循环经济低碳社会的基本经验及其启示［J］．当代世界，2017（5）：60-63.
[35] 孟祥林．循环经济：从发达国家的理论与实践论中国的发展选择［J］．中国发展，2016，16（2）：7-14.
[36] 徐强，郭本海．区域可持续发展与区域形象设计［M］．南京：东南大学出版社，2005.
[37] 习近平．在第七十五届联合国大会一般性辩论上的讲话［N］．人民日报，2020-09-23（3）．
[38] 杨卫东，曾联波，李想．碳汇效应及其影响因素研究进展［J］．地球科学进展，2023，38（2）：151-167.
[39] 联合国环境规划署，粮农组织，教科文组织，等．蓝碳：健康海洋的固碳作用，2009。
[40] 高抒．海洋如何影响全球气候变化［J］．科学，2022，74（6）：50-54，69.
[41] FOURQUREAN J W，DUARTE C M，KENNEDY H，et al. Seagrass ecosystems as a globally significant carbon stock［J］．Nature geoscience，2012，5（7）：505-509.
[42] 世界气象组织．2022年全球气候状况，2022-11-6.

[43] HUGONNET R, MCNABB R, BERTHIER E, et al. Accelerated global glacier mass loss in the early twenty-first century [J]. Nature, 2021, 592 (7856): 726-731.

[44] NIE Y, PRITCHARD H D, LIU Q, et al. Glacial change and hydrological implications in the Himalaya and Karakoram [J]. Nature reviews earth & environment, 2021, 2 (2): 91-106.

[45] 中国气象局气候变化中心. 中国气候变化蓝皮书（2020）[M]. 北京：科学出版社，2020.

[46] VARGHESE R, PATEL P, KUMAR D, et al. Climate change and glacier melting: risks for unusual outbreaks? [J]. Journal of Travel Medicine, 2023: taad015.

[47] KULP S A, STRAUSS B H. New elevation data triple estimates of global vulnerability to sea-level rise and coastal flooding [J]. Nature communications, 2019, 10 (1): 1-12.

[48] VERMEER M, RAHMSTORF S. Global sea level linked to global temperature [J]. Proceedings of the national academy of sciences, 2009, 106 (51): 21527-21532.

[49] MARTYR-KOLLER R, THOMAS A, SCHLEUSSNER C F, et al. Loss and damage implications of sea-level rise on Small Island Developing States [J]. Current Opinion in Environmental Sustainability, 2021, 50: 245-259.

[50] BECKER M, KARPYTCHEV M, HU A. Increased exposure of coastal cities to sea-level rise due to internal climate variability [J]. Nature Climate Change, 2023, 13 (4): 367-374.

[51] GORNITZ V, COUCH S, HARTIG E K. Impacts of sea level rise in the New York City metropolitan area [J]. Global and Planetary Change, 2001, 32 (1): 61-88.

[52] CAO A, ESTEBAN M, VALENZUELA V P B, et al. Future of Asian Deltaic Megacities under sea level rise and land subsidence: current adaptation pathways for Tokyo, Jakarta, Manila, and Ho Chi Minh City [J]. Current Opinion in Environmental Sustainability, 2021, 50: 87-97.

[53] NICHOLLS R J, CAZENAVE A. Sea-level rise and its impact on coastal zones [J]. science, 2010, 328 (5985): 1517-1520.

[54] 周云轩，田波，黄颖，等. 我国海岸带湿地生态系统退化成因及其对策 [J]. 中国科学院院刊，2016，31（10）：1157-1166.

[55] CALAFAT F M, WAHL T, TADESSE M G, et al. Trends in Europe storm surge extremes match the rate of sea-level rise [J]. Nature, 2022, 603 (7903): 841-845.

[56] MIRZA M M Q. Climate change and extreme weather events: can developing countries adapt? [J]. Climate policy, 2003, 3 (3): 233-248.

[57] 政府间气候变化专门委员会（IPCC）. 气候变化 2021 [J]. 自然科学基础，2021.

[58] CHENG L, ABRAHAM J, HAUSFATHER Z, et al. How fast are the oceans warming? [J]. Science, 2019, 363 (6423): 128-129.

[59] Chimienti G, De Padova D, Adamo M, et al. Effects of global warming on Mediterranean coral forests [J]. Scientific reports, 2021, 11 (1): 20703.

[60] ABIRAMI B, RADHAKRISHNAN M, KUMARAN S, et al. Impacts of global warming on marine microbi-

al communities [J]. Science of The Total Environment, 2021, 791: 147905.

[61] LALOË J O, COZENS J, RENOM B, et al. Effects of rising temperature on the viability of an important sea turtle rookery [J]. Nature Climate Change, 2014, 4 (6): 513-518.

[62] 徐丛春，李先杰，胡洁，等. 沿海地区海洋经济综合竞争力评价研究 [J]. 海洋经济，2021.

[63] 自然资源部海洋战略规划与经济司. 2022 年中国海洋经济统计公报 [R]. 2023.

[64] 经济合作与发展组织（OECD）. 2030 年海洋经济展望 [R]. 2016-4-27.

[65] FOLKE C, KAUTSKY N, TROELL M. The costs of eutrophication from salmon farming: implications for policy [J]. Journal of environmental management, 1994, 40 (2): 173-182.

[66] PACOUREAU N, RIGBY C L, KYNE P M, et al. Half a century of global decline in oceanic sharks and rays [J]. Nature, 2021, 589 (7843): 567-571.

[67] 国际海事组织（IMO）. 第四次温室气体研究报告 [R]. 2020.

[68] 李志伟. “生态+”视域下海洋经济绿色发展的转型路径 [J]. 经济与管理，2020，34（1）：35-41.

[69] 胡侠. 努力打造全国林业碳汇发展的“浙江样板”[J]. 浙江林业，2022（5）：4-5.

[70] 陈鹭真，潘良浩，邱广龙. 中国滨海蓝碳及其人为活动影响 [J]. 广西科学院学报，2021，37（3）：186-194

[71] 王法明，唐剑武，叶思源，等. 中国滨海湿地的蓝色碳汇功能及碳中和对策 [J]. 中国科学院院刊，2021，36（3）：241-251.

[72] 韩广轩，王法明，马俊，等. 滨海盐沼湿地蓝色碳汇功能、形成机制及其增汇潜力 [J]. 植物生态学报，2022，46（4）：373-382.

[73] 王珊珊，徐明伟，韩宇，等. 杭州湾南岸滩涂湿地多年蓝碳分析及情景预测 [J]. 中国环境科学，2022，42（9）：4380-4388.

[74] 耿国彪. 互花米草防治一场不得不打的植物入侵之战 [J]. 绿色中国，2023（4）：8-13.

[75] 浙江省海岸带保护修复工程取得重大成果 [J]. 浙江国土资源，2022（7）：10.

[76] CHEN X, SANTOS I R, HU D, et al. Pore-water exchange flushes blue carbon from intertidal saltmarsh sediments into the sea [J]. Limnology and oceanography letters, 2022, 7 (4): 312-320.

[77] ROVAI A S, TWILLEY R R, CASTAñEDA-MOYA E, et al. Global controls on carbon storage in mangrove soils [J]. Nature Climate Change, 2018, 8 (6): 534-538.

[78] 陈鹭真. 全球变化下的中国红树林 [M]. 厦门：厦门大学出版社，2021.

[79] MAO D, WANG Z, DU B, et al. National wetland mapping in China: A new product resulting from object-based and hierarchical classification of Landsat 8 OLI images [J]. ISPRS Journal of Photogrammetry and Remote Sensing, 2020, 164: 11-25.

[80] 陈秋夏，杨升，刘星. 浙江红树林发展现状与思考 [J]. 浙江林业，2022（7）：26-27.

[81] 李雪，刘子飞，赵明军，等. 我国水产养殖与捕捞业“双碳”目标及实现路径 [J]. 中国农业科技导报，2022，24（11）：13-26.

[82] 张梦媛，赵宇峰，刘文彬，等．陆地和海洋两大碳汇主力军［J］．石油知识，2022（4）：46-47.
[83] 施懿宸，李双杨．生物多样性　助力我国渔业碳汇发展［J］．上海企业，2021（11）：82-88.
[84] 杨林，郝新亚，沈春蕾，等．碳中和目标下中国海洋渔业碳汇能力与潜力评估［J］．资源科学，2022，44（4）：716-729.
[85] 王媛．碳汇渔业与中国海水贝类养殖［D］．中国海洋大学，2015.
[86] 顾波军，朱梓豪．浙江省海水贝藻养殖碳汇能力测算及时空演化［J］．中国渔业经济，2021，39（6）：88-95.
[87] 向爱，揣小伟，李家胜．中国沿海省份蓝碳现状与能力评估［J］．资源科学，2022，44（6）：1138-1154.
[88] 权伟，应苗苗，康华靖，等．中国近海海藻养殖及碳汇强度估算［J］．水产学报，2014，38（4）：509-514.
[89] 麻常雷，历鑫．欧洲海洋能领跑全球的背后［N］．中国自然资源报，2022-04-14（5）．
[90] 王传崑．国内外海洋能技术发展与展望［C］//中国可再生能源学会．中国可再生能源学会第八次全国代表大会暨可再生能源发展战略论坛论文集．［出版者不详］，2008：79-98.
[91] 高峰．潮汐发电前景无限［J］．石油知识，2020（4）：46-47.
[92] 彭伟，王芳，王冀．我国海洋可再生能源开发利用现状及发展建议［J］．海洋经济，2022，12（3）：70-75.
[93] 贾建军，夏小明．浙江省重要海洋资源及其承载力［M］．科学出版社，2020.
[94] 薛碧颖，陈斌，邹亮．我国海洋无碳能源调查与开发利用主要进展［J］．中国地质调查，2021，8（4）：53-65.
[95] 唐守娟，张力小，庞明月，等．基于能值分析的中国潮汐能发电可持续性研究——以浙江省江厦潮汐试验电站为例［J］．生态学杂志，2017，36（4）：1060-1066.
[96] 张继生，汪国辉，林祥峰．潮流能开发利用现状与关键科技问题研究综述［J］．河海大学学报（自然科学版），2021，49（3）：220-232.
[97] 侯放，于华明，鲍献文，等．舟山群岛海域潮流能数值估算与分析［J］．太阳能学报，2014，35（1）：125-133.
[98] 林东，姜芳，陈海波．海洋潮流能示范应用与展望［J］．中国电业，2021（1）：48-49.
[99] 赵靓．未来五年欧洲海上风电发展概况［J］．风能，2022（4）：46-47.
[100] 张锁江，张香平，葛蔚，等．工业过程绿色低碳技术［J］．中国科学院院刊，2022，37（4）：511-521.
[101] 杨晨，汤天承．数字化推动工业企业精准降碳［J］．中国电力企业管理，2021（29）：24-25.
[102] 丁黎黎，薛岳梅．海洋经济在服务于我国经济社会发展中的地位与作用［J］．海洋经济，2022，12（3）：1-14.
[103] HOU P，XU M. Industrial economic benefit analysis of marine new energy development under low carbon economy background［J］. Journal of Coastal Research，2020，103（SI）：1014-1017.

[104] 丁黎黎，杨颖，李慧．区域海洋经济高质量发展水平双向评价及差异性［J］．经济地理，2021，41（7）：9.

[105] 李妍，朱建民．生态城市规划下绿色发展竞争力评价指标体系构建与实证研究［J］．中央财经大学学报，2017（12）：9.

[106] 田振萍，姚翔，宫云，等．我国海洋经济可持续发展的对策研究［J］．经济学，2020，3（1）．

[107] 孙久文，高宇杰．中国海洋经济发展研究［J］．区域经济评论，2021（1）：38-47.

[108] 陈睿彤．海洋生态经济质量评估研究——以沿海 11 省市为例［J］．国土与自然资源研究，2019（6）：2.

[109] 翟仁祥，冯铄媚．海洋产业结构优化对海洋经济增长影响效应实证分析［J］．海洋经济，2021，11（4）：19-26.

[110] 彭飞，孙才志，刘天宝，等．中国沿海地区海洋生态经济系统脆弱性与协调性时空演变［J］．经济地理，2018（3）：10.

[111] 江曲图，丁洁琼，叶观琼，等．中国海洋生态系统累积影响的空间量化评估［J］．海洋学报，2021，43（9）：146-156.

[112] 张迎春，李婷婷，姚芳斌．海洋经济省际隐含碳转移与网络结构特征研究［J］．经济与管理评论，2023，39（4）：30-42.

[113] 王春娟，刘大海，王玺茜，等．国家海洋创新能力与海洋经济协调关系测度研究［J］．科技进步与对策，2020，37（14）：8.

[114] 宋冬梅，刘春晓，沈晨，等．基于主客观赋权法的多目标多属性决策方法［J］．山东大学学报：工学版，2015（45）：9.

[115] 赵义，曹娜，王园园，等．基于层次分析法的中原经济区流域水系统健康评价［J］．环境科学研究，2016，29（6）：936-944.

[116] 张熠，王先甲．基于序关系分析法的节水型社会建设综合评价［J］．水电能源科学，2017，35（3）：5.

[117] 樊治平，赵萱．多属性决策中权重确定的主客观赋权法［J］．管理科学学报，1997（4）：89-93.

[118] 程晶晶，夏永祥．基于新发展理念的我国省域经济高质量发展水平测度与比较［J］．工业技术经济，2021，40（6）：153-160.

[119] 刘庆芳，王兆峰．长江中游城市群旅游经济发展和生态环境压力耦合与解耦态势［J］．地理与地理信息科学，2021，37（2）：7.

[120] 李炳军，张一帆，张淑华．主成分分析法的改进及其在河南区域经济发展评价中的应用［J］．河南农业大学学报，2022（3）：56.

[121] 王应明．运用离差最大化方法进行多指标决策与排序［J］．中国软科学，1998.

[122] 苏海涛，王建月，周娟．基于离差最大化的组合评价模型对产业技术创新评价的应用研究［J］．工业技术经济，2018，37（5）：7.

[123] 刘逸，张一帆，黄凯旋，等．全球化下产业升级的区域模式与演化路径［J］．地理学报，2023，

78 (2): 20.

[124] 盖美，何亚宁，柯丽娜．中国海洋经济发展质量研究 [J]．自然资源学报，2022，37 (4): 24.

[125] 干春晖，郑若谷，余典范．中国产业结构变迁对经济增长和波动的影响 [J]．经济研究，2011 (5): 14.

[126] 秦曼，刘阳，程传周．中国海洋产业生态化水平综合评价 [J]．中国人口·资源与环境，2018，28 (9): 102-111.

[127] 纪建悦，孙筱蔚．海洋产业转型升级的内涵与评价框架研究 [J]．中国海洋大学学报（社会科学版），2021 (6): 33-40.

[128] 高源，韩增林，杨俊，等．中国海洋产业空间集聚及其协调发展研究 [J]．地理科学，2015，35 (8): 6.

[129] 杜军，鄢波，王许兵．广东海洋产业集群集聚水平测度及比较研究 [J]．科技进步与对策，2016，33 (7): 6.

[130] 奉国和，周榕鑫，武佳佳．基于熵权 TOPSIS 及因子分析的学术期刊综合评价研究 [J]．图书情报工作，2018，62 (17): 84-95.

[131] 俞立平，宋夏云，王作功．评价型指标标准化与评价方法对学术评价影响研究——以 TOPSIS 评价方法为例 [J]．情报理论与实践，2020，43 (2): 7.

[132] 李骏，刘洪伟，陈银．产业集聚、技术学习成本与区域经济增长——以中国省际高技术产业为例 [J]．软科学，2018，32 (4): 5.

[133] 黄林，佟艳芬，王盛连．产业集群的产业集聚度测度：理论与实践——以我国南部海洋产业集群为例 [J]．企业经济，2020，39 (3): 9.

[134] 张震，孙嘉泽，杨霞，等．我国海洋经济对沿海地区经济发展的响应分析 [J]．生态经济，2019，35 (1): 7.

[135] 谢玲玲，王倩．外商直接投资对海洋经济的影响——基于海洋科技创新的视角 [J]．中国渔业经济，2022，40 (6): 11.

[136] 袁芳芳．外商直接投资对浙江省经济增长影响的研究 [J]．科技广场，2016，171 (2): 145-149.

[137] 王舒鸿，卢彬彬．海洋资源约束与海洋经济增长——基于中美经验的比较 [J]．中国海洋大学学报：社会科学版，2021 (3): 11.

[138] 黄盛．资源环境约束下海洋产业结构优化 [J]．开放导报，2015 (3): 4.

[139] HE S, ZHAI R, PAN Y. Modeling analysis of the relationship between the exploitation and utilization of marine resources and the sustainable development of the marine economy [J]. Journal of Coastal Research, 2018, 83 (10083): 964-969.

[140] WEI C, GUO Z Y, WU J P, et al. Constructing an assessment indices system to analyze integrated regional carrying capacity in the coastal zones - A case in Nantong [J]. Ocean & Coastal Management, 2014, 93: 51-59.

[141] PICKAVER A H, GILBERT C, BRETON F. An indicator set to measure the progress in the implementation of integrated coastal zone management in Europe [J]. Ocean & Coastal Management, 2004, 47 (9-10): 449-462.

[142] 应超，田鹏，李昌达，等. 基于 InVEST 模型的浙江省海岸带土地利用变化及生境质量评价 [J]. 科技创新与生产力，2021 (12): 55-60, 64.

[143] 王青，和晨阳. 中国海洋经济效率的区域差异分析 [J]. 辽宁大学学报（哲学社会科学版），2020, 48 (1): 54-65.

[144] 李健，周慧. 中国碳排放强度与产业结构的关联分析 [J]. 中国人口资源与环境，2012, 22 (1): 8.

[145] 朱坚真. 中国海洋经济发展重大问题研究 [M]. 海洋出版社，2015.

[146] 郑洁，杨淑涵，柳存根，等. 海洋可再生能源装备技术发展研究 [J]. 中国工程科学，2023, 25 (3): 22-32.

[147] 王春娟，刘大海，王玺茜，等. 国家海洋创新能力与海洋经济协调关系测度研究 [J]. 科技进步与对策，2020, 37 (14): 39-46.

[148] 崔琳，李蒙，白旭. 海洋可再生能源技术现状与发展趋势 [J]. 船舶工程，2021, 43 (10): 10022-10033.

[149] 王项南，麻常雷. “双碳”目标下海洋可再生能源资源开发利用 [J]. 华电技术，2021, 43 (11): 91-96.

[150] 陈宁，赵露，陈雨生. 海洋国家实验室科技成果转化服务体系研究 [J]. 科技管理研究，2019, 39 (11): 122-128.

[151] 刘伟民，麻常雷，陈凤云，等. 海洋可再生能源开发利用与技术进展 [J]. 海洋科学进展，2018, 36 (1): 1-18.

[152] 孙颖，张岑. 海洋可再生能源开发利用模式及海洋石油公司转型策略研究 [J]. 油气与新能源，2022, 34 (5): 61-67.

[153] 孟洁，张榕，孙华峰，等. 浅谈海洋能开发利用环境影响评价指标体系 [J]. 海洋技术，2013, 32 (3): 129-132, 142.